Training Grundwissen

1 Rechengrundlagen

Hinweise und Tipps

1 a)
$$\begin{aligned} &\underbrace{(3+2)^2}-\underbrace{(4+5)} \\ =\ &\underbrace{5^2} - 9 \\ =\ &\underbrace{25 - 9} \\ =\ &\underline{\underline{16}} \end{aligned}$$

KLA

PO (keine PUnktrechnung)

STRI

b)
$$\begin{aligned} &6+(2^2-3\cdot 5)+19 \\ &=6+(4 - 15)+19 \\ &=6+(-11)+19 \\ &=6-11+19 \\ &=-5+19 \\ &=\underline{\underline{14}} \end{aligned}$$

Klammer geht vor, deshalb muss zunächst innerhalb der Klammer gerechnet werden. Auch in der Klammer gelten die Regeln der Rechenreihenfolge, deshalb muss zuerst die Potenz- und die Punktrechnung durchgeführt werden.
Um das Ergebnis der Klammer (–11) muss zunächst die Klammer bleiben, da sonst Rechen- und Vorzeichen direkt nacheinander stehen würden (nicht erlaubt!). Danach kann die Plusklammer aufgelöst werden und mit –11 weitergerechnet werden.

c)
$$\begin{aligned} &16c+12c^2:6c-3\cdot(c+5c) \\ &=16c+2c-3\cdot 6c \\ &=18c-18c \\ &=\underline{\underline{0}} \end{aligned}$$

Das Termglied $12c^2 : 6c$ ist von Strichrechnungen umgeben und wird daher nicht von der Klammer beeinflusst. Er kann also auch direkt im ersten Schritt zusammengefasst werden.

d)
$$\begin{aligned} &2\cdot(11c^2+3\cdot(2c:2)^2)-(6c^2+2c^2) \\ &=2\cdot(11c^2+3\cdot c^2)-8c^2 \\ &=2\cdot 14c^2-8c^2 \\ &=28c^2-8c^2 \\ &=\underline{\underline{20c^2}} \end{aligned}$$

In der vorderen Doppelklammer gilt innere vor äußerer Klammer.

Die hintere einfache Klammer ist durch eine Strichrechnung von der ersten großen Klammer getrennt und kann direkt berechnet werden.

---

2 a)
$$\begin{aligned} 13a+(4c-12a) &= \mathbf{13a}+4c-\mathbf{12a} \\ &= \underline{\underline{a+4c}} \end{aligned}$$

Es dürfen nur gleichartige Terme (hier: gefettet) zusammengefasst werden.

b)
$$\begin{aligned} 4x-(x-y) &= 4x-x+y \\ &= \underline{\underline{3x+y}} \end{aligned}$$

Immer korrekt für die Minusklammer ist die Vorstellung, das –( ) zu streichen und vor jeden Teil in der Klammer das andere Vorzeichen zu setzen: x wird zu –x und –y wird zu +y.

c)
$$\begin{aligned} &20b-12\cdot(2b-4m) \\ &=20b-(24b-48m) \\ &=20b-24b+48m \\ &=\underline{\underline{-4b+48m}} \end{aligned}$$

Bei der Malklammer müssen die Vorzeichen beachtet werden, insbesondere wenn man in einem Schritt ausmultipliziert und die Klammer auflöst.
Nur Termglieder mit gleichen Variablen lassen sich zusammenfassen!

d)
$$\begin{aligned} &32y+7\cdot(3y-4)+12-(-19+11y) \\ &=\underline{32y}+\underline{21y}-\underset{\dots}{28}+\underset{\dots}{12}+\underset{\dots}{19}-\underline{11y} \\ &=\underline{\underline{42y+3}} \end{aligned}$$

Müssen viele Termglieder zusammengefasst werden, kann es hilfreich sein, die gleichartigen, miteinander verrechenbaren Termglieder zu markieren. So erspart man sich das Umstellen und vergisst kein Termglied.

Hinweise und Tipps

3 a) $\mathbf{4}x + \mathbf{4}y = \underline{\underline{4 \cdot (x+y)}}$

b) $12uv + 18u^2 = 2 \cdot \mathbf{6} \cdot \mathbf{u} \cdot v + 3 \cdot \mathbf{6} \cdot \mathbf{u} \cdot u$
$= \underline{\underline{6u \cdot (2v + 3u)}}$

Bei schwierigeren Termen hilft es, die Termglieder in sinnvolle Faktoren zu zerlegen. Alle Faktoren, die in beiden Termgliedern vorkommen (hier fett markiert), schreibt man vor die Klammer, in der Klammer verbleibt der Rest.

---

4 a) $(2x-3)(x+5) = 2x^2 + 10x - 3x - 15$
$= \underline{\underline{2x^2 + 7x - 15}}$

Es handelt sich hier nicht um eine binomische Formel.

Zusammenfassen nicht vergessen

b) $(5t-12)^2 = \underline{\underline{25t^2 - 120t + 144}}$

2. binomische Formel
Das Mittelstück errechnet sich mit $2 \cdot 5t \cdot 12$.

c) $(3y+5)(3y-5) = \underline{\underline{9y^2 - 25}}$

3. binomische Formel
Hier gibt es kein Mittelstück.

d) $(1+4a)^2 = \underline{\underline{1 + 8a + 16a^2}}$

1. binomische Formel
Das Mittelstück errechnet sich mit $2 \cdot 1 \cdot 4a$.

---

5 a) $16x^2 - 9y^2 = \underline{\underline{(4x-3y)(4x+3y)}}$

Es kann sich nur um die 3. binomische Formel handeln, da es kein Mittelstück gibt.

b) $x^2 + 4x + 4 = \underline{\underline{(x+2)^2}}$

Alle Rechenzeichen sind +, daher handelt es sich um die 1. binomische Formel. Die Korrektheit des Mittelstücks kann durch Rückwärtsberechnung aus der Klammer ($2 \cdot x \cdot 2 = 4x$) überprüft werden – sonst wäre es keine binomische Formel.

c) $64x^2 - 48xy + 9y^2 = \underline{\underline{(8x-3y)^2}}$

Vor dem Mittelstück steht ein –, daher ist es die 2. binomische Formel. Das Mittelstück ($2 \cdot 8x \cdot 3y = 48xy$) ist korrekt.

d) $6{,}25c^2 - 1{,}44a^2 = \underline{\underline{(2{,}5c + 1{,}2a)(2{,}5c - 1{,}2a)}}$

Es lohnt sich mitunter, die Quadratzahlen von 1 bis 20 auswendig zu können. $144 = 12^2$, demnach gilt $1{,}44 = 1{,}2^2$.
Die Quadratzahl 625 von 25 kommt ebenfalls häufig vor. Es gilt $6{,}25 = 2{,}5^2$.

---

6 a) $\frac{1 \cdot \mathbf{2}}{5 \cdot \mathbf{2}} + \frac{3}{10} + \frac{3 \cdot \mathbf{2}}{5 \cdot \mathbf{2}} = \frac{2}{10} + \frac{3}{10} + \frac{6}{10}$
$= \frac{11}{10} = \underline{\underline{1\frac{1}{10}}}$

Der Hauptnenner ist hier 10, deshalb müssen die Fünftel mit 2 erweitert werden.

b) $\frac{\cancel{11}^{\,\mathbf{1}}}{\cancel{14}_{\,\mathbf{2}}} \cdot \frac{\cancel{7}^{\,\mathbf{1}}}{\cancel{5}_{\,\mathbf{1}}} \cdot \frac{\cancel{10}^{\,\mathbf{2}}}{\cancel{11}_{\,\mathbf{1}}} = \frac{2}{2} = \underline{\underline{1}}$

Vor der Multiplikation immer kürzen! So vereinfacht sich die Rechnung wesentlich. Hier kann 11 und 11 (mit 11), 7 und 14 (mit 7) sowie 10 und 5 (mit 5) gekürzt werden.

c) $\frac{4}{9} + \frac{\cancel{3}^{\,\mathbf{1}}}{\cancel{22}_{\,\mathbf{2}}} \cdot \frac{\cancel{55}^{\,\mathbf{5}}}{\cancel{9}_{\,\mathbf{3}}} = \frac{4 \cdot \mathbf{2}}{9 \cdot \mathbf{2}} + \frac{5 \cdot \mathbf{3}}{6 \cdot \mathbf{3}}$
$= \frac{8}{18} + \frac{15}{18}$
$= \frac{23}{18} = \underline{\underline{1\frac{5}{18}}}$

Rechenreihenfolge (KLA PO PU STRI, siehe Kapitel 1.1) beachten

Nach der Multiplikation muss hier zum Addieren erst auf den Hauptnenner (hier 18) erweitert werden.

2024

Training

Abschlussprüfung

Realschule Baden-Württemberg

Mathematik

LÖSUNGEN

STARK

17. neu bearbeitete und ergänzte Auflage
www.stark-verlag.de

Inhalt

Um dir die Prüfung 2023 schnellstmöglich zur Verfügung stellen zu können, wird diese in digitaler Form veröffentlicht.
Sobald die Original-Prüfungsaufgaben 2023 freigegeben sind, können sie als PDF auf der Plattform MyStark heruntergeladen werden (Zugangscode vgl. Umschlaginnenseite).

Vorwort

Liebe Schülerin, lieber Schüler,

dies ist das Lösungsheft zu dem Band **Training Abschlussprüfung Realschule 2024 – Mathematik – Baden-Württemberg** (Bestell-Nr. D08100). Es enthält zu allen Aufgaben von unseren Autoren ausgearbeitete Lösungen, die jeden Rechenschritt ausführlich erklären. Zahlreiche Skizzen zur Veranschaulichung helfen dir beim Nachvollziehen von Sachverhalten.

Versuche stets, jede Aufgabe zunächst selbstständig zu lösen und dann deine Lösung mit den Lösungen im Buch zu vergleichen. Nur was du dir selbst erarbeitet hast, bleibt im Gedächtnis und du lernst dazu. Halte dich deswegen daran, konsequent jede Aufgabe zunächst selbst zu rechnen. Hast du eine Aufgabe nicht richtig gelöst, ist es besonders wichtig, diese zu einem späteren Zeitpunkt noch einmal durchzurechnen.

Durch das Üben wirst du dich sicher fühlen und kannst beruhigt in die Prüfung gehen.

Wir wünschen dir viel Erfolg!

Autoren:
Christian Schindler, Dieter Gauß, Lukas Hellinger
Thomas Dreher (Lösungen zu den Original-Abschlussprüfungen 2022 und 2023)

Hinweise und Tipps

d) $1\frac{2}{3}\cdot\left(\frac{4\cdot\mathbf{2}}{5\cdot\mathbf{2}}-\frac{7}{10}\right)=\frac{5}{3}\cdot\left(\frac{8}{10}-\frac{7}{10}\right)$

$=\frac{\cancel{5}^{\mathbf{1}}}{3}\cdot\frac{1}{\cancel{10}_{\mathbf{2}}}=\underline{\underline{\frac{1}{6}}}$

Rechenreihenfolge (siehe Kapitel 1.1) beachten
Zum Verrechnen sollten gemischte Brüche immer in unechte Brüche umgewandelt werden.

e) $2\frac{1}{2}:\frac{1}{4}-\frac{3}{4}\cdot 8=\frac{5}{\cancel{2}_{\mathbf{1}}}\cdot\frac{\cancel{4}^{\mathbf{2}}}{1}-\frac{3}{\cancel{4}_{\mathbf{1}}}\cdot\frac{\cancel{8}^{\mathbf{2}}}{1}$

$=10-6=\underline{\underline{4}}$

Rechenreihenfolge (siehe Kapitel 1.1) beachten
Zum Verrechnen sollten gemischte Brüche immer in unechte Brüche umgewandelt werden – außerdem ist es sinnvoll, ganze Zahlen als „Eintel" zu schreiben.

f) $3\frac{7}{10}-\frac{6}{5}\cdot\left(2\frac{1}{6}-\frac{1}{3}\right)=\frac{37}{10}-\frac{6}{5}\cdot\left(\frac{13}{6}-\frac{1\cdot\mathbf{2}}{3\cdot\mathbf{2}}\right)$

$=\frac{37}{10}-\frac{6}{5}\cdot\left(\frac{13}{6}-\frac{2}{6}\right)$

$=\frac{37}{10}-\frac{\cancel{6}^{\mathbf{1}}}{5}\cdot\frac{11}{\cancel{6}_{\mathbf{1}}}$

$=\frac{37}{10}-\frac{11\cdot\mathbf{2}}{5\cdot\mathbf{2}}$

$=\frac{37}{10}-\frac{22}{10}$

$=\frac{\cancel{15}^{\mathbf{3}}}{\cancel{10}_{\mathbf{2}}}=\frac{3}{2}=\underline{\underline{1\frac{1}{2}}}$

Rechenreihenfolge (siehe Kapitel 1.1) beachten
Zwischenschritte wie Erweitern und Kürzen kommen beim Verrechnen von Brüchen hinzu.

Das Ergebnis immer vollständig gekürzt angeben

---

7 a) $2{,}2\cdot 3^6=\underline{\underline{1\,603{,}8}}$

Beachte: „Potenz vor Punkt"

b) $4{,}5\cdot 2^{-3}=\underline{\underline{0{,}5625}}$

c) $2^{\boxed{7}}=128$

d) $\boxed{3}^5=243$

Die Lösungen können durch Probieren ermittelt werden.

e) $4{,}2\cdot 3^7+\boxed{3{,}2}\cdot 7^3+\boxed{1}\cdot 3^7-5{,}7\cdot 7^3=5{,}2\cdot 3^7-2{,}5\cdot 7^3$

---

8 a) $3^4\cdot 3^6\cdot 3^2=3^{4+6+2}=\underline{\underline{3^{12}}}$

Die drei Exponenten werden addiert.

b) $\frac{38x^5y^4z^8}{19x^2y^6z}=\underline{\underline{2x^3y^{-2}z^7}}$ oder: $=\underline{\underline{\frac{2x^3z^7}{y^2}}}$

Das 2. Gesetz wird bei jeder Variablen angewandt. Beide Schreibweisen sind richtig und üblich.

c) $\frac{54x^3y^4}{y^2}\cdot\frac{x^2y^5}{3^3}=\underline{\underline{2x^5y^7}}$

Die Potenz 3^3 wird zum Kürzen errechnet, bei gleichen Basen werden die Exponenten addiert bzw. subtrahiert.

d) $2^4\cdot 3^4\cdot 0{,}4^4=\underline{\underline{2{,}4^4}}$

Bei gleichen Exponenten werden die Basen multipliziert.

e) $\left(\frac{z^{-5}}{z^{-2}}\right)^{-4}=(z^{-3})^{-4}=\underline{\underline{z^{12}}}$

Bei gleichen Basen werden zunächst die Exponenten subtrahiert $(-5-(-2)=-5+2)$. Dann werden die Exponenten multipliziert.

f) $\frac{16xy^3}{(-2x)^5}=\frac{16xy^3}{-32x^5}=\frac{y^3}{-2x^4}=\underline{\underline{-\frac{y^3}{2x^4}}}$

Im Nenner wird die Klammer entfernt, dann das 2. Gesetz angewandt. Ein Minuszeichen im Nenner kann vor den Bruch geschrieben werden.

Hinweise und Tipps

g) $\left(\frac{x^2y^3}{6}\right)^3 \cdot \left(\frac{12}{xy}\right)^3 = (2xy^2)^3 = \underline{\underline{2^3x^3y^6}}$

oder: $= \underline{\underline{8x^3y^6}}$

Da die Exponenten übereinstimmen, werden zunächst die Basen multipliziert, dann kann noch die Klammer entfernt werden (Umkehrung des 3. Gesetzes).

Die Potenz 2^3 kann berechnet werden.

h) $(2x^2y^3)^3 \cdot (5x^3y)^2 = 2^3x^6y^9 \cdot 5^2x^6y^2$

$= \underline{\underline{200x^{12}y^{11}}}$

Hier müssen zuerst die Klammern entfernt werden. Bei gleichen Basen werden die Exponenten addiert. Die Potenzen 2^3 und 5^2 müssen zunächst berechnet werden, bevor sie multipliziert werden können.

---

9 a) $270\,000 = \underline{\underline{2,7 \cdot 10^5}}$

b) $0,000000425 = \underline{\underline{4,25 \cdot 10^{-7}}}$

c) $4 \cdot 10^5 + 5 \cdot 10^4 = \underline{\underline{450\,000}}$

Die beiden Vielfachen werden in Zahlen „verwandelt“ und dann addiert.

d) $2 \cdot 10^{-3} + 3 \cdot 10^{-2} = \underline{\underline{0,032}}$

---

10 a) $\sqrt[3]{8} = \underline{\underline{2}}$

Da $2^3 = 8$

b) $\sqrt{\boxed{36}} = 6$

Da $6^2 = 36$

c) $\sqrt[3]{\boxed{125}} = 5$

Da $5^3 = 125$

d) $\sqrt{16+9} = \sqrt{25} = \underline{\underline{5}}$

16 + 9 *muss* addiert werden, nur aus *einer* Zahl kann die Wurzel gezogen werden.

---

11 a) $x^2 = 12,25 \quad \Rightarrow \quad x_1 = \underline{\underline{3,5}}$ und $x_2 = \underline{\underline{-3,5}}$

Da $3,5^2 = 12,25$

b) $x^5 = 0,07776 \quad \Rightarrow \quad x = \underline{\underline{0,6}}$

Da $0,6^5 = 0,07776$

c)
$$\begin{aligned} 2x^3 + 1 &= 32,25 \quad &&|-1 \\ 2x^3 &= 31,25 &&|:2 \\ x^3 &= 15,625 &&|\sqrt[3]{\ } \\ x &= \underline{\underline{2,5}} \end{aligned}$$

Zuerst muss die Gleichung umgeformt werden, dann wird die Lösung (Wurzel) ermittelt.

d) $(2x-1)^2 = 10,24 \quad \Rightarrow$
$$\begin{aligned} 2x_1 - 1 &= 3,2 \quad \text{und} \quad & 2x_2 - 1 &= -3,2 \\ 2x_1 &= 4,2 \quad \text{und} & 2x_2 &= -2,2 \\ x_1 &= \underline{\underline{2,1}} \quad \text{und} & x_2 &= \underline{\underline{-1,1}} \end{aligned}$$

Wegen der Klammer muss zuerst die Wurzel ermittelt werden, dann werden beide Gleichungen (getrennt) weiter umgeformt.

---

12 a) $4,8 \cdot \sqrt{3} \approx \underline{\underline{8,31}}$

b) $\sqrt{2} + \sqrt{7} \approx \underline{\underline{4,06}}$

Beachte: keine Addition zu $\sqrt{9}$.

c) $2,2\sqrt{2} + 3,3\sqrt{3} \approx \underline{\underline{8,83}}$

d) $\sqrt{8} - \sqrt{7} - \sqrt{6} \approx \underline{\underline{-2,27}}$

Hinweise und Tipps

13 a) $2\sqrt{x}+\boxed{3\sqrt{x}}-4\sqrt{x}=\sqrt{x}$

b) $\sqrt{108}-\sqrt{48}+\sqrt{147}$ — Zerlegung in Faktoren

$=\sqrt{36\cdot 3}-\sqrt{16\cdot 3}+\sqrt{49\cdot 3}$ — Wurzeln aus Quadratzahlen ziehen

$=6\sqrt{3}-4\sqrt{3}+7\sqrt{3}=\underline{\underline{9\sqrt{3}}}$ — Zusammenfassen

c) $4\sqrt{5}\cdot 5\sqrt{6}=\underline{\underline{20\sqrt{30}}}$

d) $5\sqrt{2}\cdot\boxed{3\sqrt{2}}=30$

Überlege zuerst, welcher Faktor zu der/den Wurzel(n) passt. Beachte, dass $\sqrt{2}\cdot\sqrt{2}=2$.

e) $\dfrac{21\sqrt{12}}{\boxed{7\sqrt{2}}}=3\sqrt{6}$

f) $\dfrac{42\sqrt{175}}{12\sqrt{7}}=3{,}5\sqrt{25}=3{,}5\cdot 5=\underline{\underline{17{,}5}}$

Die Wurzel aus der Quadratzahl 25 muss gezogen werden.

g) $\sqrt{50x^{16}}=\sqrt{25\cdot 2\cdot x^{16}}=\underline{\underline{5x^{8}\sqrt{2}}}$

25 und x^{16} sind Quadratzahlen.

h) $\sqrt{16x^{9}}=\sqrt{16\cdot x^{8}\cdot x}=\underline{\underline{4x^{4}\sqrt{x}}}$

x^9 ist keine Quadratzahl, daher Zerlegung in $x^8\cdot x$.

i) $\dfrac{3\sqrt{7}\cdot\sqrt{5}}{2\sqrt{5}\cdot\sqrt{5}}=\underline{\underline{\dfrac{3\sqrt{35}}{10}}}$

Der Bruch wird mit $\sqrt{5}$ erweitert, dann werden Zähler bzw. Nenner getrennt berechnet.

j) $\dfrac{15x\cdot\sqrt{3x}}{\sqrt{3x}\cdot\sqrt{3x}}=\dfrac{15x\sqrt{3x}}{3x}=\underline{\underline{5\sqrt{3x}}}$

Der Bruch wird mit $\sqrt{3x}$ erweitert, dann werden Zähler bzw. Nenner getrennt berechnet und gekürzt.

---

14 a) $4x^{2}(2x+6x^{5}-0{,}5x^{3})=8x^{3}+24x^{7}-2x^{5}$

$=\underline{\underline{24x^{7}-2x^{5}+8x^{3}}}$

Jeder Summand in der Klammer wird mit $4x^2$ multipliziert, dann wird noch geordnet – beginnend mit der höchsten Potenz.

b) $4\sqrt{3}(2\sqrt{2}-\sqrt{27})=8\sqrt{6}-4\sqrt{81}$

$=8\sqrt{6}-4\cdot 9$

$=\underline{\underline{-36+8\sqrt{6}}}$

Jeder Summand in der Klammer wird mit $4\sqrt{3}$ multipliziert, dann wird noch $\sqrt{81}$ gezogen und das Ergebnis geordnet.

c) $2{,}5x^{3}(\boxed{4x^{2}}-2x^{-5})=10x^{5}-\boxed{5x^{-2}}$

Der negative Exponent ergibt sich aus: $3-5$

d) $\boxed{}(5\sqrt{8}-\boxed{})=40-2\sqrt{6}$

Zuerst wird der Faktor vor der Klammer ermittelt. Beachte: $\sqrt{8}\cdot\sqrt{8}=8$

$\boxed{\sqrt{8}}(5\sqrt{8}-\boxed{})=40-2\sqrt{6}$

$\boxed{\sqrt{8}}(5\sqrt{8}-\boxed{\sqrt{3}})=40-2\sqrt{6}$

Beachte: $2\sqrt{6}=\sqrt{4\cdot 6}=\sqrt{24}=\sqrt{8}\cdot\sqrt{3}$

Alternativ:

$\boxed{}(5\sqrt{8}-\boxed{})=40-2\sqrt{6}$

Zuerst wird der Faktor vor der Klammer ermittelt. Beachte: $\sqrt{8}\cdot\sqrt{2}=\sqrt{16}=4$

$\boxed{2\sqrt{2}}(5\sqrt{8}-\boxed{})=40-2\sqrt{6}$

$\boxed{2\sqrt{2}}(5\sqrt{8}-\boxed{\sqrt{3}})=40-2\sqrt{6}$

e) $(x-2x^{3})(3x^{5}-5x^{3})=3x^{6}-5x^{4}-6x^{8}+10x^{6}$

$=\underline{\underline{-6x^{8}+13x^{6}-5x^{4}}}$

Jeder Summand wird mit jedem Summanden multipliziert, dann zusammengefasst und geordnet.

Hinweise und Tipps

f) $\left(\boxed{}+3x^2\right)^2=4x^6+\boxed{}+\boxed{}$

$\left(\boxed{2x^3}+3x^2\right)^2=4x^6+\boxed{}+\boxed{}$

$\left(\boxed{2x^3}+3x^2\right)^2=4x^6+\boxed{12x^5}+\boxed{9x^4}$

Zuerst wird der Summand in der Klammer ermittelt, dann die binomische Formel angewandt.

g) $(3x^{-2}+2x^3)(3x^{-2}-2x^3)=\underline{\underline{9x^{-4}-4x^6}}$

3. binomische Formel. Insbesondere: $(3x^{-2})^2=9x^{-4}$

h) $\left(4x+\boxed{}\right)(2x-\boxed{})=\boxed{}-4x\sqrt{3}+\boxed{}-3\sqrt{6}$

$\left(4x+\boxed{}\right)(2x-\boxed{\sqrt{3}})=\boxed{8x^2}-4x\sqrt{3}+\boxed{}-3\sqrt{6}$

$(4x+\boxed{3\sqrt{2}})(2x-\boxed{\sqrt{3}})=\boxed{8x^2}-4x\sqrt{3}+\boxed{}-3\sqrt{6}$

$(4x+\boxed{3\sqrt{2}})(2x-\boxed{\sqrt{3}})=\boxed{8x^2}-4x\sqrt{3}+\boxed{6x\sqrt{2}}-3\sqrt{6}$

Die fehlenden Terme können in dieser Reihenfolge ergänzt werden.

2 Gleichungen

15 a)
$$\begin{aligned} (x+6)\cdot 8 &= 32x && |\,KL\\ x\cdot 8+6\cdot 8 &= 32x && |\,ZF\\ 8x+48 &= 32x && |-8x\\ 48 &= 24x && |:24\\ \underline{\underline{2}} &= x \end{aligned}$$
$L=\underline{\underline{\{2\}}}$

Hinweise und Tipps

Wenn bei einem Term (hier Rechtsterm) nichts zu vereinfachen ist, bleibt er bei den ersten Schritten einfach stehen.

b)
$$\begin{aligned} x-(2x-8) &= 4-3x && |\,KL\\ x-2x+8 &= 4-3x && |\,ZF\\ -x+8 &= 4-3x && |+3x\\ 2x+8 &= 4 && |-8\\ 2x &= -4 && |:2\\ x &= \underline{\underline{-2}} \end{aligned}$$
$L=\underline{\underline{\{-2\}}}$

c)
$$\begin{aligned} (4-5x)+(10+6x) &= 8 && |\,KL\\ 4-5x+10+6x &= 8 && |\,ZF\\ 14+x &= 8 && |-14\\ x &= \underline{\underline{-6}} \end{aligned}$$
$L=\underline{\underline{\{-6\}}}$

d)
$$\begin{aligned} 0{,}8(2u-3) &= (2u+4)\cdot 0{,}6 && |\,KL\\ 0{,}8\cdot 2u-0{,}8\cdot 3 &= 2u\cdot 0{,}6+4\cdot 0{,}6 && |\,ZF\\ 1{,}6u-2{,}4 &= 1{,}2u+2{,}4 && |-1{,}2u\\ 0{,}4u-2{,}4 &= 2{,}4 && |+2{,}4\\ 0{,}4u &= 4{,}8 && |:0{,}4\\ u &= \underline{\underline{12}} \end{aligned}$$
$L=\underline{\underline{\{12\}}}$

Die Unbekannte heißt nicht immer x.

e)
$$\begin{aligned} \frac{1}{4}\left(3x-\frac{2}{3}\right) &= -x-(2x-1)\cdot\frac{1}{6} && |\,KL\\ \frac{1\cdot 3}{4}x-\frac{1\cdot 2}{4\cdot 3} &= -x-\frac{2\cdot 1}{6}x+\frac{1\cdot 1}{6}\\ \frac{3}{4}x-\frac{1}{6} &= -x-\frac{1}{3}x+\frac{1}{6} && |\,ZF\\ \frac{3}{4}x-\frac{1}{6} &= -\frac{4}{3}x+\frac{1}{6} && \left|+\frac{4}{3}x\right.\ \left|+\frac{1}{6}\right.\\ \frac{3}{4}x+\frac{4}{3}x &= \frac{1}{6}+\frac{1}{6}\\ \frac{3\cdot 3}{4\cdot 3}x+\frac{4\cdot 4}{3\cdot 4}x &= \frac{1}{6}+\frac{1}{6}\\ \frac{25}{12}x &= \frac{1}{3} && \left|\cdot\frac{12}{25}\right. \end{aligned}$$

Statt durch die Zahl vor dem x zu teilen, kann man auch mit dem Kehrwert multiplizieren. Bei Brüchen bietet es sich immer an, die Division als Multiplikation mit dem Kehrbruch durchzuführen (siehe Kapitel 1.3).

Hinweise und Tipps

$x = \frac{1 \cdot 12}{3 \cdot 25}$

$x = \underline{\underline{\frac{4}{25}}}$

$L = \underline{\underline{\left\{\frac{4}{25}\right\}}}$

f) $7(u-2)-(u-2) = u^2-(u+3)^2 \quad |\text{KL}$

$7u-14-u+2 = u^2-(u^2+6u+9) \quad |\text{ZF und KL}$

$6u-12 = u^2-u^2-6u-9 \quad |\text{ZF}$

$6u-12 = -6u-9 \quad |+6u$

$12u-12 = -9 \quad |+12$

$12u = 3 \quad |:12$

$u = \frac{3}{12} = \underline{\underline{\frac{1}{4}}}$

$L = \underline{\underline{\left\{\frac{1}{4}\right\}}}$

Im Linksterm könnte man alternativ auch (u – 2) ausklammern. Man würde 6(u – 2) erhalten. Berechne im Rechtsterm zunächst das Binom und löse dann die Minusklammer auf. Dabei eliminieren sich die quadratischen Termglieder, sodass sich eine lineare Gleichung ergibt.

Alternativ könnte die Lösung auch als Dezimalzahl (0,25) angegeben werden.

---

16 a)
(1) $2x+5y=6$
(2) $x+y=9 \quad |\cdot(-2)$

(1) $2x+5y=6$
(2') $-2x-2y=-18$

(1)+(2'): $3y=-12 \quad |:3$

$y = \underline{-4}$

$y=-4$ in (2): $x-4=9 \quad |+4$

$x = \underline{13}$

$L = \underline{\underline{\{(13; -4)\}}}$

Hier bietet sich das Additionsverfahren an, weil alle gleichartigen Termglieder bereits untereinanderstehen. Damit beim Addieren das x herausfällt, muss die zweite Gleichung mit –2 durchmultipliziert werden (d. h., jedes Termglied mit –2 multiplizieren).

Man hätte auch mit –5 multiplizieren können, dann wäre in der Folge das y eliminiert worden und man hätte zuerst x bestimmt.

b)
(1) $y = \frac{1}{2}x-2$
(2) $y = -\frac{3}{2}x+2$

(1) = (2): $\frac{1}{2}x-2 = -\frac{3}{2}x+2 \quad \left|+\frac{3}{2}x\right.$

$2x-2=2 \quad |+2$

$2x=4 \quad |:2$

$x = \underline{2}$

$x=2$ in (1): $y = \frac{1}{2}\cdot 2-2$

$y = \underline{-1}$

$L = \underline{\underline{\{(2; -1)\}}}$

Hier bietet sich eindeutig das Gleichsetzungsverfahren an, da beide Gleichungen bereits nach der gleichen Variablen aufgelöst sind. Dafür ist auch gar keine Umformung mehr nötig.

Der Punkt P(2 | –1) ist übrigens auch der Schnittpunkt der durch die Gleichungen (1) und (2) definierten Geraden.

Hinweise und Tipps

c)
$$\begin{array}{lrl}
(1) & 4(y+2)=2x & |\,\text{KL} \\
(2) & x+4y+3=4 & |-4 \\
\hline
(1') & 4y+8=2x & |-8 \\
(2') & x+4y-1=0 & \\
\hline
(1'') & 4y=2x-8 & \\
(2') & x+4y-1=0 & \\
\hline
(1'')\text{ in }(2'): & x+(2x-8)-1=0 & |\,\text{KL} \\
 & x+2x-8-1=0 & |\,\text{ZF} \\
 & 3x-9=0 & |+9 \\
 & 3x=9 & |:3 \\
 & x=\underline{3} & \\
x=3\text{ in }(1''): & 4y=2\cdot 3-8 & \\
 & 4y=-2 & |:4 \\
 & y=\underline{-0{,}5} &
\end{array}$$

$L=\{(3;-0{,}5)\}$

In beiden Gleichungen kommt 4y vor. Daher ist das Einsetzungsverfahren eine Möglichkeit. Genauso könnte man auch (2') nach x auflösen und in (1') einsetzen. Alternativ könnte man das Additionsverfahren anwenden und so y eliminieren.

Der Term $2x-8$ wird in (2') für die 4y eingesetzt, da er ja laut (1'') den gleichen Wert hat wie 4y.

d)
$$\begin{array}{lrl}
(1) & 10(x+1)-6=2(4y+4)+2 & |\,\text{KL} \\
(2) & 20-(6+2x)=9+2x-4y & |\,\text{KL} \\
\hline
(1') & 10x+10-6=8y+8+2 & |\,\text{ZF} \\
(2') & 20-6-2x=9+2x-4y & |\,\text{ZF} \\
\hline
(1'') & 10x+4=8y+10 & |-8y\ |-4 \\
(2'') & 14-2x=9+2x-4y & |-14\ |-2x\ |+4y \\
\hline
(1''') & 10x-8y=6 & \\
(2''') & -4x+4y=-5 & |\cdot 2 \\
\hline
(1''') & 10x-8y=6 & \\
 & +\quad +\quad + & \\
(2'''') & -8x+8y=-10 & \\
\hline
(1''')+(2'''') & 2x=-4 & |:2 \\
 & x=\underline{-2} & \\
x=-2\text{ in }(2'''): & -4\cdot(-2)+4y=-5 & \\
 & 8+4y=-5 & |-8 \\
 & 4y=-13 & |:4 \\
 & y=\dfrac{-13}{4} & \\
 & y=\underline{-3\tfrac{1}{4}} &
\end{array}$$

$L=\left\{\left(-2;-3\frac{1}{4}\right)\right\}$

Die Gleichungen sind sehr unübersichtlich – daher bietet es sich an, die Termteile zu ordnen; in diesem Fall werden alle Variablen nach links, alle ganzen Zahl nach rechts gebracht.

Da hier –8y (1''') und 4y (2''') vorkommen, kann man einfach die zweite Gleichung mit 2 multiplizieren und das Additionsverfahren anwenden.

Alternativ hätte man 1 (1''') mit 2 und (2''') mit 5 multiplizieren können, dann würde sich beim Addieren der Gleichungen das x eliminieren.

Hinweise und Tipps

17 a)

$$x^2 - 24x = -23 \quad | +23$$

Umformen der Gleichung

$$x^2 - 24x + 23 = 0$$

$$x_{1/2} = -\frac{-24}{2} \pm \sqrt{\left(\frac{-24}{2}\right)^2 - 23}$$

Einsetzen in p-q-Formel (p = –24; q = 23)

$$x_{1/2} = 12 \pm \sqrt{144 - 23}$$

Vereinfachen

$$x_{1/2} = 12 \pm 11$$

Wurzel ziehen

$$x_1 = \underline{23};\ x_2 = \underline{1}$$

Angeben der beiden Lösungen

$$L = \underline{\underline{\{(1;\ 23)\}}}$$

b) $25x^2 - 10x - 3 = 0$

Umformen ist hier nicht nötig, wenn man die a-b-c-Formel verwendet.

$$x_{1/2} = \frac{-(-10) \pm \sqrt{(-10)^2 + 4 \cdot 25 \cdot 3}}{2 \cdot 25}$$

$$x_{1/2} = \frac{10 \pm \sqrt{100 + 300}}{50}$$

Vereinfachen

$$x_{1/2} = \frac{10 \pm 20}{50}$$

Addition der Radikanden und Wurzel ziehen

$$x_1 = \underline{\frac{3}{5}};\ x_2 = \underline{-\frac{1}{5}}$$

Die beiden Lösungen können auch als Dezimalzahl angegeben werden: $x_1 = 0{,}6$; $x_2 = -0{,}2$

$$L = \underline{\underline{\left\{-\frac{1}{5};\ \frac{3}{5}\right\}}}$$

c) $x^2 + 36x + 99 = 0$

Umformen ist hier nicht nötig. Es kann direkt die p-q-Formel angewendet werden (p = 36; q = 99).

$$x_{1/2} = -\frac{36}{2} \pm \sqrt{\left(\frac{36}{2}\right)^2 - 99}$$

$$x_{1/2} = -18 \pm \sqrt{225}$$

Addition der Radikanden und Wurzel ziehen

$$x_{1/2} = -18 \pm 15$$

$$x_1 = \underline{-3};\ x_2 = \underline{-33}$$

$$L = \underline{\underline{\{-33;\ -3\}}}$$

d)

$$x(2x + 1) - (x - 2)^2 = -8 \quad | \text{KL}$$

$$2x^2 + x - (x^2 - 4x + 4) = -8 \quad | \text{KL}$$

$$2x^2 + x - x^2 + 4x - 4 = -8 \quad | \text{ZF} \quad | +8$$

Da die binomische Formel nach einem Minus steht, lässt man zunächst die Klammer stehen und löst erst im nächsten Schritt die Minusklammer auf.

$$x^2 + 5x + 4 = 0$$

Zusammengefasst und geordnet

$$x_{1/2} = -\frac{5}{2} \pm \sqrt{\left(\frac{5}{2}\right)^2 - 4}$$

Einsetzen in die p-q-Formel (p = 5; q = 4)

$$x_{1/2} = -2{,}5 \pm \sqrt{2{,}25}$$

Berechnung des Radikanden und Wurzel ziehen

$$x_{1/2} = -2{,}5 \pm 1{,}5$$

$$x_1 = \underline{-1};\ x_2 = \underline{-4}$$

Angabe der beiden Lösungen

$$L = \underline{\underline{\{-4;\ -1\}}}$$

Hinweise und Tipps

e) $(x+3)^2+(x+3)(x-3)=0 \quad |\text{KL}$

Anwenden der 1. und 3. binomischen Formel

$x^2+6x+9+x^2-9=0 \quad |\text{ZF}$

Zusammenfassen

$2x^2+6x=0 \quad |:2$

$x^2+3x=0$

$x_{1/2}=\dfrac{-3\pm\sqrt{3^2-4\cdot1\cdot0}}{2\cdot1}$

Hier wird die a-b-c-Formel verwendet. Beachte: $c=0$ ($a=1$; $b=3$). Es könnte aber genauso gut die p-q-Formel verwendet werden – dann wäre $p=3$ und $q=0$.

$x_{1/2}=\dfrac{-3\pm3}{2}$

$x_1=\underline{0}$; $x_2=\underline{-3}$

Angabe der beiden Lösungen

$L=\{-3; 0\}$

Alternative Lösungsmöglichkeit mit dem Satz vom Nullprodukt:

$(x+3)^2+(x+3)(x-3)=0 \quad |\text{KL}$

$x^2+6x+9+x^2-9=0 \quad |\text{ZF}$

$2x^2+6x=0 \quad |:2$

$x^2+3x=0$

$x\cdot(x+3)=0$

Noch schneller geht es mit dem Satz vom Nullprodukt: Ein Produkt hat den Wert 0 genau dann, wenn einer der Faktoren den Wert 0 hat.
(Bei einer quadratischen Gleichung ohne konstanten Term ist eine Lösung immer 0, da x ausgeklammert werden kann!)

Satz vom Nullprodukt:

$x=0$ oder $x+3=0 \quad |-3$

$x=\underline{0}$ oder $x=\underline{-3}$

$L=\{-3; 0\}$

f) $2x^2-4x+2=x^2-4x+1 \quad |-x^2 \quad |+4x \quad |-1$

$x^2+1=0 \quad |-1$

Umformen ergibt eine reinquadratische Gleichung

$x^2=-1$

Es gilt: $x^2\geq0$. Hier ist $D=-1<0$, deshalb ist die Gleichung nicht lösbar.

Es gibt keine Lösung.

$L=\{\ \}$

Die Lösungsmenge ist leer.

---

18 a) $\dfrac{2(4-x^2)}{5x}=\dfrac{-8x-2}{5x} \quad |\cdot5x \qquad D=\mathbb{R}\setminus\{0\}$

$x=0$ darf nicht in der Lösungsmenge enthalten sein. Der Hauptnenner ist 5x.

$2(4-x^2)=-8x-2 \quad |\text{KL}$

Bei der Multiplikation mit dem HN kürzen sich alle Nenner.

$8-2x^2=-8x-2 \quad |+2x^2-8$

Die Klammer wurde ausmultipliziert.

$2x^2-8x-10=0 \quad |:2$

Umformen zum Einsetzen in die p-q-Formel

$x^2-4x-5=0$

$x_{1/2}=-\dfrac{-4}{2}\pm\sqrt{\left(\dfrac{-4}{2}\right)^2-(-5)}$

Lösungsformel

$x_{1/2}=2\pm\sqrt{4+5}$

$x_1=\underline{5}$; $x_2=\underline{-1}$

$L=\{-1; 5\}$

Hinweise und Tipps

b) $\frac{-x^2+18}{2x} = 5+\frac{7}{2x} \quad |\cdot 2x \qquad D=\mathbb{R}\setminus\{0\}$

$-x^2+18 = 5\cdot 2x+7 \quad |+x^2 \quad |-18$

$x^2+10x-11=0$

$x_{1/2} = -\frac{10}{2} \pm \sqrt{\left(\frac{10}{2}\right)^2-(-11)}$

$x_{1/2} = -5 \pm \sqrt{25+11}$

$x_1 = \underline{1};\ x_2 = \underline{-11}$

$L = \underline{\underline{\{-11; 1\}}}$

x = 0 darf nicht in der Lösungsmenge enthalten sein. Bei der Multiplikation mit dem HN 2x kürzen sich alle Nenner.

Umformen zum Einsetzen in die p-q-Formel

Lösungsformel

c) $\frac{4+x}{x} = \frac{x}{4}-\frac{2x-4}{x} \quad |\cdot 4x \qquad D=\mathbb{R}\setminus\{0\}$

$(4+x)\cdot 4 = x^2-(2x-4)\cdot 4 \quad |\text{KL}$

$16+4x = x^2-(8x-16) \quad |\text{KL}$

$16+4x = x^2-8x+16 \quad |-16-4x$

$x^2-12x=0$

$x_{1/2} = -\frac{-12}{2} \pm \sqrt{\left(\frac{-12}{2}\right)^2-0}$

$x_{1/2} = 6 \pm \sqrt{36}$

$x_1 = \underline{12};\ x_2 = \underline{0}$

$L = \underline{\underline{\{12\}}}$

x = 0 darf nicht in der Lösungsmenge enthalten sein. Bei der Multiplikation mit dem HN 4x kürzen sich alle Nenner.

Umformen zum Einsetzen in die p-q-Formel

Lösungsformel

x = 0 ist nicht in der Definitionsmenge enthalten und damit von der Lösungsmenge ausgeschlossen.

Alternative Lösungsmöglichkeit mit dem Satz vom Nullprodukt:

$\frac{4+x}{x} = \frac{x}{4}-\frac{2x-4}{x} \quad |\cdot 4x \qquad D=\mathbb{R}\setminus\{0\}$

$(4+x)\cdot 4 = x^2-(2x-4)\cdot 4 \quad |\text{KL}$

$16+4x = x^2-(8x-16) \quad |\text{KL}$

$16+4x = x^2-8x+16 \quad |-16-4x$

$x^2-12x=0$

$x\cdot(x-12)=0$

Satz vom Nullprodukt:

$x=0$ oder $x-12=0 \quad |+12$

$x=\underline{0}$ oder $x=\underline{12}$

$L = \underline{\underline{\{12\}}}$

Satz vom Nullprodukt: Ein Produkt hat den Wert 0 genau dann, wenn einer der Faktoren den Wert 0 hat.

x = 0 ist nicht in der Definitionsmenge enthalten und damit von der Lösungsmenge ausgeschlossen.

d) $\frac{6(-2x+6)}{3x+2} = -\frac{x^2}{3x+2} \quad |\cdot(3x+2) \qquad D=\mathbb{R}\setminus\left\{-\frac{2}{3}\right\}$

$-12x+36 = -x^2 \quad |+x^2$

$x^2-12x+36=0$

$x_{1/2} = -\frac{-12}{2} \pm \sqrt{\left(\frac{-12}{2}\right)^2-36}$

$x = 6 \pm \sqrt{0}$

$x = \underline{6}$

$L = \underline{\underline{\{6\}}}$

$x = -\frac{2}{3}$ darf nicht in der Lösungsmenge enthalten sein. Bei der Multiplikation mit dem HN 3x + 2 kürzen sich alle Nenner.

Umformen zum Einsetzen in die p-q-Formel

Lösungsformel

Es gibt nur eine Lösung, da die Diskriminante 0 ist.

3 Funktionen

19 • Schaubild:

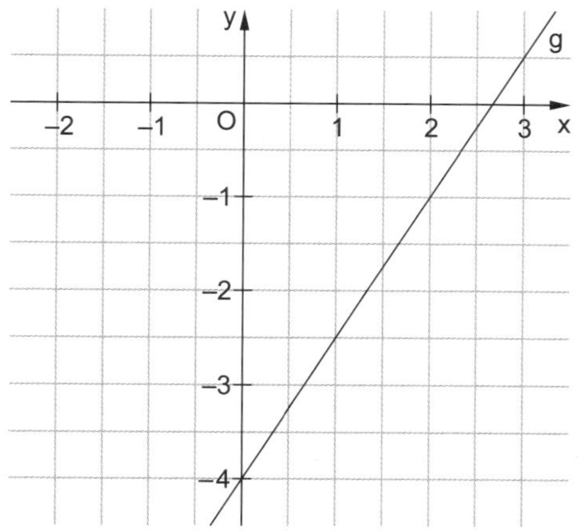

• Wertetabelle:

x	–3	–2	–1	0	1	2	3
y	–8,5	–7	–5,5	–4	–2,5	–1	0,5

Hinweise und Tipps

Der y-Achsenabschnitt ist $c = -4$, die y-Achse wird also bei -4 geschnitten und g verläuft durch $C(0\,|\,-4)$. Von dort zeichnet man das Steigungsdreieck an: den Nenner (2) der Steigung m nach rechts, den Zähler (3) nach oben ($m > 0$). Man landet beim Punkt $(2\,|\,-1)$. Die Gerade durch die beiden Punkte ergibt den Graph bzw. das Schaubild zur Funktion g.

Für die Wertetabelle rechnet man entweder die Werte mithilfe der Funktionsgleichung aus – oder man startet bei $(0\,|\,-4)$ und rechnet für jeden Schritt nach rechts $+\frac{3}{2}$ bzw. $+1{,}5$, nach links zieht man ab.
Zum Rechnen ist die Dezimaldarstellung der Zahl unter Umständen einfacher, zum Bestimmen des Steigungsdreiecks bietet sich aber die Bruchdarstellung an. Es ist daher gut, die Zahlen sicher umwandeln zu können. (Natürlich ist dies nur bei endlichen Brüchen möglich, also Brüchen, bei denen der Nenner nur die Primfaktoren 2 und 5 enthält.)

---

20 Der y-Wert bei $x = 0$ ergibt c, in diesem Fall ist also $c = \underline{-2}$.
Die aufeinanderfolgenden x-Werte der Tabelle liegen 1 LE auseinander, somit entspricht die Steigung der Differenz von Nachfolger- und Vorgänger-y-Wert (von links nach rechts gelesen), hier ist also $m = 4 - 7 = \underline{-3}$.

• Funktionsgleichung:

h: $y = mx + c \quad |\, m = -3;\ c = -2$
h: $\underline{\underline{y = -3x - 2}}$

• Schaubild:

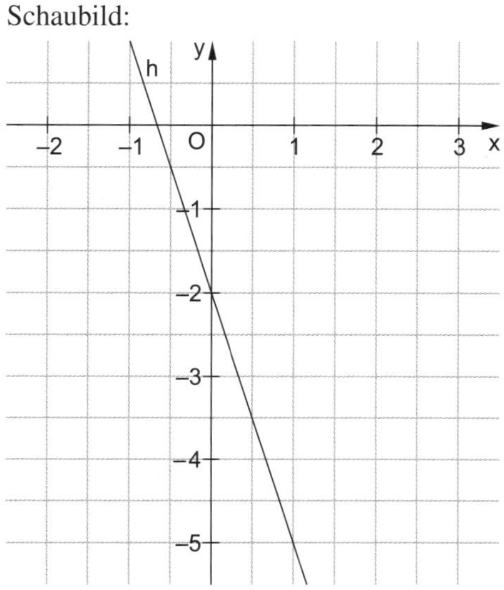

Schaubilder sollten – sofern nicht konkret angegeben, immer in einem geeigneten Bereich gezeichnet werden, d. h., die Schnittpunkte mit den Achsen sowie die Steigung sollten erkennbar sein.

Der y-Achsenabschnitt ist $c = -2$, die y-Achse wird also bei -2 geschnitten und h verläuft durch $C(0\,|\,-2)$. Von dort zeichnet man das Steigungsdreieck an, wobei man sich ganzzahlige Steigungen (hier $m = -3$) als Brüche (also $m = \frac{-3}{1}$) vorstellt: den Nenner (1) nach rechts, den Zähler (3) nach unten (da $m < 0$). Man landet beim Punkt $(1\,|\,-5)$. Die Gerade durch die beiden Punkte ergibt den Graph zur Funktion h.

Hinweise und Tipps

21 Die Gerade schneidet die y-Achse im Punkt C(0 | 3), also gilt $\underline{c = 3}$.
Gemäß Steigungsdreieck (3 nach rechts, 4 nach unten) gilt:
$m = \underline{-\frac{4}{3}}$

Es ist verlockend, hier das Steigungsdreieck mit der Nullstelle zu bilden. Diese ist aber nicht genau ablesbar und liefert zudem Brüche. Geschickter ist es, von C(0 | 3) auszugehen und den nächsten Punkt auf der Geraden mit ganzzahligen Koordinaten zu nutzen, hier (3 | −1).

- Funktionsgleichung:

$$k: y = mx + c \quad \left|\, m = -\frac{4}{3};\ c = 3\right.$$
$$k: \underline{\underline{y = -\frac{4}{3}x + 3}}$$

- Wertetabelle:

x	−4	−3	−2	−1	0	1
y	$8\frac{1}{3}$	7	$5\frac{2}{3}$	$4\frac{1}{3}$	3	$1\frac{2}{3}$

Aus dem Schaubild kann man nur das Wertepaar (0 | 3) ablesen. Die übrigen y-Werte berechnet man mit der Funktionsgleichung oder subtrahiert jeweils die Steigung nach links bzw. addiert die Steigung nach rechts. Nach links muss man hier also $-\left(-\frac{4}{3}\right) = +\frac{4}{3}$ rechnen, nach rechts $+\left(-\frac{4}{3}\right) = -\frac{4}{3}$.

---

22 Bestimmung von c:
$C(0 | 2) \in j \Rightarrow \underline{c = 2}$

Berechnung von m:

$$\begin{aligned} y &= mx + c && |\, c = 2 \\ y &= mx + 2 && |\, Q(10 | -6) \\ -6 &= m \cdot 10 + 2 && |\, -2 \\ 10m &= -8 && |\, :10 \\ m &= \underline{\frac{-4}{5}} \end{aligned}$$

Somit: $j: \underline{\underline{y = -\frac{4}{5}x + 2}}$

---

23 Bestimmung von m (Punkt-Steigungs-Formel):

$$m = \frac{y_2 - y_1}{x_2 - x_1} = \frac{10 - 1}{17 - (-1)} = \frac{9}{18} = \underline{\frac{1}{2}}$$

$A(\underbrace{-1}_{x_1} | \underbrace{1}_{y_1});\ B(\underbrace{17}_{x_2} | \underbrace{10}_{y_2})$

Berechnung von c:

$$y = mx + c \quad \left|\, m = \frac{1}{2};\ A(-1 | 1)\right.$$
$$1 = \frac{1}{2} \cdot (-1) + c$$
$$1 = -\frac{1}{2} + c \quad \left|\, +\frac{1}{2}\right.$$
$$c = \underline{\frac{3}{2}}$$

Natürlich kann man genauso gut m und Punkt B einsetzen – am besten wählt man den Punkt, mit dem man einfacher rechnen kann. Das Ergebnis ist gleich.

Bestimmung der Funktionsgleichung von g:

$$g: y = mx + c \quad \left|\, m = \frac{1}{2};\ c = \frac{3}{2}\right.$$
$$g: \underline{\underline{y = \frac{1}{2}x + \frac{3}{2}}}$$

alternativ: $\underline{\underline{y = 0{,}5x + 1{,}5}}$

Hinweise und Tipps

Berechnung der Nullstelle von g:

$$y = \frac{1}{2}x + \frac{3}{2} \quad \Big| \; y = 0$$
$$0 = \frac{1}{2}x_N + \frac{3}{2} \quad \Big| -\frac{3}{2}$$
$$-\frac{3}{2} = \frac{1}{2}x_N \quad \Big| \cdot 2$$
$$x_N = \underline{\underline{-3}}$$

---

24 Die Geraden haben unterschiedliche Steigungen ($m_1 = 2 \neq -5 = m_2$), aber identische y-Achsenabschnitte ($c_1 = 4 = c_2$). Die Geraden schneiden sich demnach auf der y-Achse, konkret im Punkt C(0 | 4).

---

25 a) Bestimmung von m_h:

Um Eindeutigkeit herzustellen, ist es sinnvoll, m und c gemäß der Geradenbezeichnungen zu indizieren.

$$h \parallel g \;\Rightarrow\; m_h = m_g = \underline{3}$$

Berechnung von c_h:

$$h\colon\; y = m_h x + c_h \quad \Big| \; m_h = 3$$
$$y = 3x + c_h \quad \Big| \; P(2 \mid 7)$$
$$7 = 3 \cdot 2 + c_h$$
$$7 = 6 + c_h \quad \Big| -6$$
$$c_h = \underline{1}$$

Bestimmung der Funktionsgleichung von h:

$$h\colon\; y = m_h x + c_h \quad \Big| \; m_h = 3;\; c_h = 1$$
$$h\colon\; \underline{\underline{y = 3x + 1}}$$

b) Bestimmung von m_k:

$$k \perp g \;\Rightarrow\; m_k = -\frac{1}{m_g} = \underline{-\frac{1}{3}}$$

Berechnung von c_k:

$$k\colon\; y = m_k x + c_k \quad \Big| \; m_k = -\frac{1}{3}$$
$$y = -\frac{1}{3}x + c_k \quad \Big| \; Q(3 \mid 3)$$
$$3 = -\frac{1}{3} \cdot 3 + c_k$$
$$3 = -1 + c_k \quad \Big| +1$$
$$c_k = \underline{4}$$

Bestimmung der Funktionsgleichung von k:

$$k\colon\; y = m_k x + c_k \quad \Big| \; m_k = -\frac{1}{3};\; c_k = 4$$
$$k\colon\; \underline{\underline{y = -\frac{1}{3}x + 4}}$$

Hinweise und Tipps

26 Aus der Funktionsgleichung können $d = 1$ und $e = 1{,}5$ direkt abgelesen werden. Also ist $S(1\,|\,1{,}5)$ der Scheitelpunkt von p.

- Schaubild:

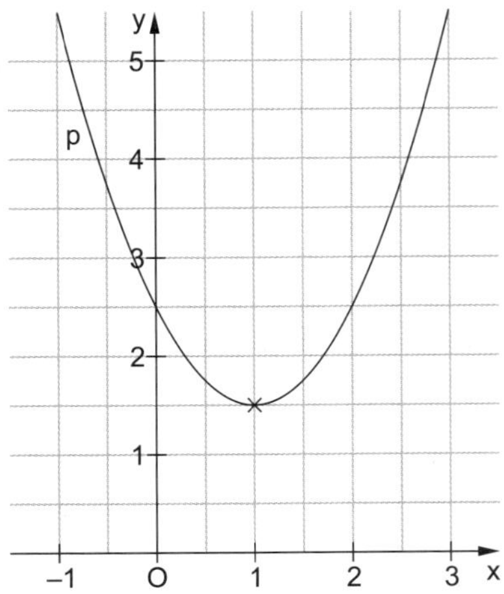

Der Scheitelpunkt liegt bei $S(1\,|\,1{,}5)$. Die Normalparabel ist also um $d = 1$ nach rechts und $e = 1{,}5$ nach oben verschoben. Mithilfe einer Parabelschablone kann man das Schaubild in das Koordinatensystem einzeichnen. Alternativ bestimmt man weitere Punkte und zeichnet die Parabel dann von Hand.

- Wertetabelle:

x	–1	0	1	2	3
y	5,5	2,5	1,5	2,5	5,5

Rechne vom Scheitelpunkt ab nach links. Die übrigen y-Werte sind symmetrisch zum Scheitelpunkt bei $x = 1$.

---

27 Die Wertetabelle zu q hat 0 als niedrigsten y-Wert (mit x-Wert 3) zwischen symmetrischen Werten. Demnach ist $d = 3$ und $e = 0$ und $S(3\,|\,0)$ ist der Scheitelpunkt von q.

- Funktionsgleichung:

q: $y = (x - d)^2 + e \qquad |\,S(3\,|\,0) \quad \Rightarrow \quad d = 3;\; e = 0$

q: $\underline{\underline{y = (x - 3)^2}}$

- Schaubild:

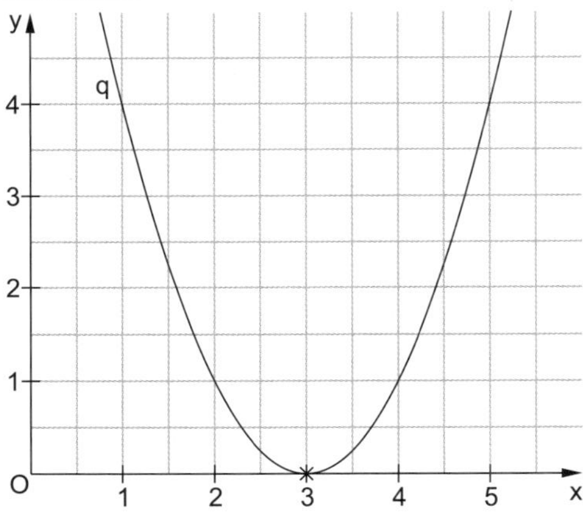

---

28 Ablesen des Scheitelpunkts aus dem Schaubild: $\underline{S(6\,|\,-1)}$

- Funktionsgleichung:

p: $y = (x - d)^2 + e \qquad |\,S(6\,|\,-1) \quad \Rightarrow \quad d = 6;\; e = -1$

p: $\underline{\underline{y = (x - 6)^2 - 1}}$

- Wertetabelle:

x	–1	0	1	2	3	4
y	48	35	24	15	8	3

Es lässt sich nur der Wert für $x = 4$ aus dem Schaubild ablesen. Für die Wertetabelle muss man hier also einige Werte berechnen.
Quadratzahlen erhöhen sich immer um die nächste

Hinweise und Tipps

ungerade Zahl (siehe Kapitel 6. Folgen). Ausgehend von Scheitelpunkt wird also addiert:

$x=6 \Rightarrow y=-1$
$x=5 \Rightarrow y=-1+\mathbf{1}=0$
$x=4 \Rightarrow y=\ 0+\mathbf{3}=3$
$x=3 \Rightarrow y=\ 3+\mathbf{5}=8$
$x=2 \Rightarrow y=\ 8+\mathbf{7}=15$
$x=1 \Rightarrow y=15+\mathbf{9}=24$ usw.

So lässt sich hier einiges an Rechenarbeit sparen.

---

29 p: $y=(x-d)^2+e \quad |\, S(-1{,}5\,|\,0{,}75) \Rightarrow d=-1{,}5;\ e=0{,}75$

p: $y=(x+1{,}5)^2+0{,}75$

p: $y=x^2+2\cdot x\cdot 1{,}5+1{,}5^2+0{,}75$

p: $\underline{\underline{y=x^2+3x+3}}$

---

30 Da die Parabel p die y-Achse bei –1 schneidet, liegt der Punkt $C(0\,|\,-1)$ auf p und die Parabel hat den y-Achsenabschnitt $c=\underline{-1}$.

Berechnung von b:

$$\begin{aligned} y &= x^2+bx+c && |\, c=-1 \\ y &= x^2+bx-1 && |\, P(3\,|\,-1) \\ -1 &= 3^2+b\cdot 3-1 \\ -1 &= 9+3b-1 \\ -1 &= 8+3b && |-8 \\ -9 &= 3b && |:3 \\ b &= \underline{-3} \end{aligned}$$

Bestimmung der Funktionsgleichung von Parabel p:

p: $y=x^2+bx+c \quad |\, b=-3;\ c=-1$

p: $y=\underline{x^2-3x-1}$

Bestimmung der Scheitelform und von Scheitelpunkt S:

p: $y=x^2-3x-1$

p: $y=x^2-3x+1{,}5^2-1{,}5^2-1$

p: $\underline{y=(x-1{,}5)^2-3{,}25}$

$\Rightarrow \underline{\underline{S(1{,}5\,|\,-3{,}25)}}$

Hier wurde in einem Schritt die binomische Formel gebildet und der Rest zusammengefasst. Damit ist $d=1{,}5$ und $e=-3{,}25$.

---

31 Da die Funktionsgleichung von p_1 in der Scheitelform vorliegt, können $d_1=2$ und $e_1=0$ direkt abgelesen werden, der Scheitelpunkt ist damit $S_1(2\,|\,0)$. Wird Parabel p_1 und damit auch S_1 wie angegeben verschoben, erhält man Parabel p_2 mit Scheitelpunkt $S_2(2+3\,|\,0+7)=S_2(5\,|\,7)$. Somit ist $d_2=5$ und $e_2=7$ und die Funktionsgleichung von Parabel p_2 lautet:

p_2: $\underline{y=(x-5)^2+7}$ (Scheitelform)

Zur x-Koordinate muss 3 addiert (Verschiebung nach rechts), zur y-Koordinate 7 addiert werden (Verschiebung nach oben).

Hinweise und Tipps

Bestimmung der Normalform und von y-Achsenabschnitt c:

p_2: $y = (x-5)^2 + 7$

p_2: $y = x^2 - 10x + 25 + 7$

p_2: $\underline{y = x^2 - 10x + 32}$

$\Rightarrow \quad c = \underline{32}$

alternativ:

$y = (x-5)^2 + 7 \qquad |C(0|c)$

$c = (0-5)^2 + 7$

$c = \underline{32}$

Der Schnittpunkt von Parabel p_2 mit der y-Achse ist C(0 | 32).

---

32 Berechnung der x-Koordinate von Scheitelpunkt S:

$$x_S = \frac{x_P + x_Q}{2} = \frac{-4 + (-2)}{2} = \underline{-3}$$

Berechnung der y-Koordinate von Scheitelpunkt S:

$$y_S = y - \left(\frac{x_Q - x_P}{2}\right)^2 = -1 - \left(\frac{-2-(-4)}{2}\right)^2 = -1 - 1 = \underline{-2}$$

$\Rightarrow \quad \underline{S(-3|-2)}$

Bestimmung der Funktionsgleichung:

p: $y = (x-d)^2 + e \qquad | S(-3|-2) \Rightarrow d = -3;\ e = -2$

p: $y = (x-(-3))^2 - 2$

p: $\underline{\underline{y = (x+3)^2 - 2}}$

---

33 Aus der Funktionsgleichung können Streckungsfaktor $a = \underline{\frac{1}{5}}$, Verschiebung $c = \underline{0}$ und Scheitelpunkt S(0 | 0) direkt abgelesen werden.

Die Parabel p ist nicht verschoben.

- Wertetabelle:

x	–3	–2	–1	0	1	2	3
y	$1\frac{4}{5}$	$\frac{4}{5}$	$\frac{1}{5}$	0	$\frac{1}{5}$	$\frac{4}{5}$	$1\frac{4}{5}$

Rechne vom Scheitelpunkt ab in eine Richtung (z. B. nach rechts). Die y-Werte sind symmetrisch zum Scheitelpunkt bei x = 0.

- Schaubild:

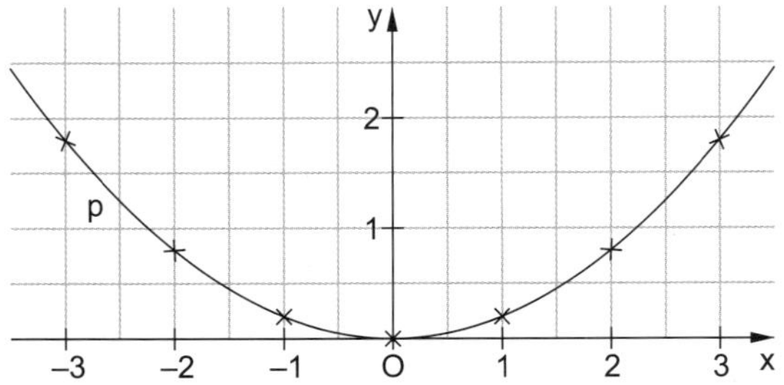

Vor dem Zeichnen sollte die Wertetabelle erstellt werden, selbst wenn die Reihenfolge in der Aufgabenstellung anders lautet.

---

34 Die Wertetabelle hat 2,5 als höchsten y-Wert (mit x-Wert 0) zwischen symmetrischen Werten. Demnach ist $c = \underline{2{,}5}$ und $\underline{S(0|2{,}5)}$ der Scheitelpunkt von p.

Der y-Wert für $x_1 = 1$ ist $y_1 = 1$, damit ist $a = y_1 - c = 1 - 2{,}5 = \underline{-1{,}5}$.

Man erkennt den Scheitelpunkt daran, dass die y-Werte zur Spalte x = 0 symmetrisch sind.

Hinweise und Tipps

- Funktionsgleichung:

  p: $y = ax^2 + c$ $\quad | a = -1{,}5;\ S(0\,|\,2{,}5) \Rightarrow c = 2{,}5$

  p: $y = -1{,}5x^2 + 2{,}5$

  alternativ: p: $y = -\frac{3}{2}x^2 + \frac{5}{2}$

- Schaubild:

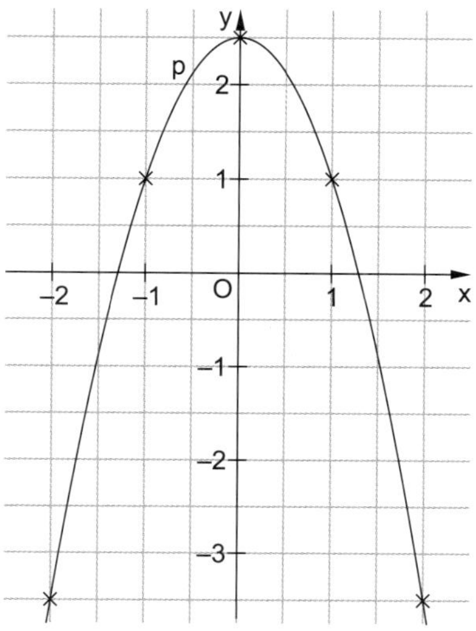

Zeichne die Parabel von Hand mithilfe der Werte aus der Wertetabelle.

---

35 Ablesen des Scheitelpunkts aus dem Schaubild: $S(0\,|\,5)$. Damit ist $c = 5$.

Geht man vom Scheitelpunkt aus 1 LE nach rechts, muss man 4 LE nach unten gehen, um wieder auf der Parabel zu landen. Damit ist $a = -4$.

- Funktionsgleichung:

  p: $y = ax^2 + c$ $\quad | a = -4;\ c = 5$

  p: $y = -4x^2 + 5$

- Wertetabelle:

x	–3	–2	–1	0	1	2	3
y	–31	–11	1	5	1	–11	–31

Lies Wertepaare aus dem Schaubild ab. Für weitere Werte rechne vom Scheitelpunkt ab in eine Richtung (z. B. nach rechts). Die y-Werte sind symmetrisch zum Scheitelpunkt bei $x = 0$.

---

36 Bestimmung von c:

$S(0\,|\,-3) \Rightarrow c = -3$

Berechnung von a:

$y = ax^2 + c \quad | c = -3$

$y = ax^2 - 3 \quad | P(12\,|\,69)$

$69 = a \cdot 12^2 - 3$

$69 = 144a - 3 \quad | +3$

$72 = 144a \quad | :144$

$a = \frac{1}{2}$

Hinweise und Tipps

Bestimmung der Funktionsgleichung:

$p\colon y = ax^2 + c \quad \Big|\, a = \frac{1}{2};\ c = -3$

$p\colon \underline{\underline{y = \frac{1}{2}x^2 - 3}}$

---

37 Berechnung von b und c:

$y = x^2 + bx + c$

(1) $C(0|-4)$: $-4 = 0^2 + b \cdot 0 + c$

(2) $P(1|1)$: $1 = 1^2 + b \cdot 1 + c$

(1') $\underline{-4} = c$

(2') $1 = 1 + b + c$

(1') in (2'): $1 = 1 + b - 4$

$1 = -3 + b \quad |+3$

$b = \underline{4}$

Aus dem Schaubild lassen sich die Punkte $C(0|-4)$ und $P(1|1)$ ablesen. Diese setzt man in die Normalform ein.

Bestimmung der Funktionsgleichung:

$p\colon y = x^2 + bx + c \quad |\, b = 4;\ c = -4$

$p\colon \underline{\underline{y = x^2 + 4x - 4}}$

Bestimmung der x-Koordinaten der Parabelpunkte mit y-Koordinate 28:

$y = x^2 + 4x - 4 \quad |\,(x|28)$

$28 = x^2 + 4x - 4 \quad |-28$

$0 = x^2 + 4x - 32$

$x_{1/2} = -\frac{4}{2} \pm \sqrt{\left(\frac{4}{2}\right)^2 - (-32)}$

$x_{1/2} = -2 \pm \sqrt{4 + 32}$

$x_{1/2} = -2 \pm \sqrt{36}$

$x_{1/2} = -2 \pm 6$

$x_1 = \underline{4};\ x_2 = \underline{-8}$

p-q-Formel (Alternativ kann auch die a-b-c-Formel verwendet werden.)

---

38 Punktprobe für $P(4|11)$:

$y = (x + 0{,}5)^2 - 6{,}25 \quad |\,P(4|11)$

$11 = (4 + 0{,}5)^2 - 6{,}25$

$11 = 4{,}5^2 - 6{,}25$

$11 = 20{,}25 - 6{,}25$

$11 = 14$ ↯

A: $\underline{\underline{\text{Punkt P liegt nicht auf Parabel p.}}}$

Berechnung der Nullstellen und der Punkte N_1 und N_2:

$y = (x + 0{,}5)^2 - 6{,}25 \quad |\, y = 0$

$0 = (x + 0{,}5)^2 - 6{,}25 \quad |\,\text{KL}$

$0 = x^2 + x + 0{,}25 - 6{,}25 \quad |\,\text{ZF}$

$0 = x^2 + x - 6 \quad (p = 1;\ q = -6)$

$x_{1/2} = -\frac{1}{2} \pm \sqrt{\left(\frac{1}{2}\right)^2 + 6}$

Hinweise und Tipps

$x_{1/2} = -\frac{1}{2} \pm \sqrt{\frac{25}{4}}$

$x_{1/2} = -\frac{1}{2} \pm \frac{5}{2}$

$x_1 = \underline{2};\ x_2 = \underline{-3}$

$\Rightarrow\ \underline{\underline{N_1(-3\,|\,0)}};\ \underline{\underline{N_2(2\,|\,0)}}$

Bestimmung von y_Q:

$y = (x+0,5)^2 - 6,25 \qquad |\,Q(-6\,|\,y_Q)$

$y_Q = (-6+0,5)^2 - 6,25$

$y_Q = (-5,5)^2 - 6,25$

$y_Q = 30,25 - 6,25$

$y_Q = \underline{24}$

$\Rightarrow\ \underline{Q(-6\,|\,24)}$

Berechnung des Flächeninhalts A von Dreieck N_1N_2Q:

$A = \frac{a \cdot h_a}{2}$

$A = \frac{\overline{N_1N_2} \cdot h_Q}{2} \qquad |\,\overline{N_1N_2} = x_1 - x_2 = 2-(-3) = 5;\ h_Q = y_Q = 24$

$A = \frac{5 \cdot 24}{2}$

$A = \underline{\underline{60\ \text{FE}}}$

Zur Dreiecksberechnung siehe auch Kapitel 4.6

Skizze zum Dreieck:

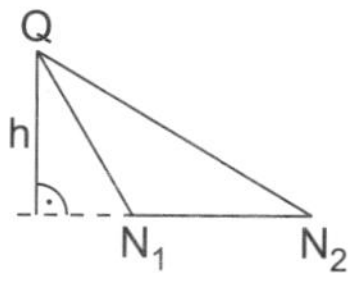

Die Skizze muss nicht zu den tatsächlichen Werten passen – bei $y_Q = 24$ ist das Zeichnen aufwendig. Die Lage der Punkte zueinander sollte aus der Skizze aber hervorgehen.

---

39 Berechnung der Schnittpunkte T und V:

$g = p_1$

$2x = x^2 + x - 6 \qquad |-2x$

$0 = x^2 - x - 6 \qquad (p = -1;\ q = -6)$

$x_{1/2} = -\frac{-1}{2} \pm \sqrt{\left(\frac{-1}{2}\right)^2 - (-6)}$

$x_{1/2} = \frac{1}{2} \pm \sqrt{\frac{1}{4} + 6}$

$x_{1/2} = \frac{1}{2} \pm \sqrt{\frac{25}{4}}$

$x_{1/2} = \frac{1}{2} \pm \frac{5}{2}$

$x_1 = \underline{3},\ x_2 = \underline{-2}$

$x_1 = 3$ in g: $\quad y_1 = 2 \cdot 3 = \underline{6} \qquad \Rightarrow\ \underline{\underline{T(3\,|\,6)}}$

$x_2 = -2$ in g: $\quad y_2 = 2 \cdot (-2) = \underline{-4} \qquad \Rightarrow\ \underline{\underline{V(-2\,|\,-4)}}$

Skizze:

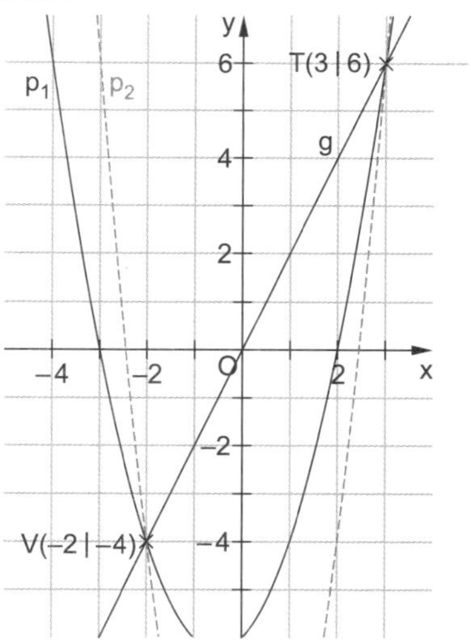

Abstand von T und V:

$d(T;V) = \sqrt{(x_2 - x_1)^2 + (y_2 - y_1)^2}$

$d(T;V) = \sqrt{(-2-3)^2 + (-4-6)^2}$

$d(T;V) = \sqrt{5^2 + 10^2}$

$d(T;V) = \sqrt{125}$

$d(T;V) = \underline{\underline{11,2\ \text{LE}}}$

Bei Flächen und Abständen darf auch im Bereich der Funktionen gerundet werden. Die Angabe sollte auf eine Nachkommastelle genau erfolgen.

Durch teilweises Radizieren käme man hier auf den exakten Wert $5\sqrt{5}$.

Hinweise und Tipps

Berechnung von a und c:

	$y = ax^2 + c$	
(1) T(3 | 6):	$6 = a \cdot 3^2 + c$	$\vert \cdot (-1)$
(2) V(−2 | −4):	$-4 = a \cdot (-2)^2 + c$	
(1')	$-6 = -9a - c$	
(2')	$-4 = 4a + c$	
(1') + (2'):	$-10 = -5a$	$\vert : (-5)$
	$a = \underline{2}$	

a = 2 in (2'): $-4 = 4 \cdot 2 + c$

$-4 = 8 + c \quad \vert -8$

$c = \underline{-12}$

Bestimmung der Funktionsgleichung:

p_2: $y = ax^2 + c \quad \vert a = 2;\ c = -12$

p_2: $\underline{\underline{y = 2x^2 - 12}}$

---

40 Berechnung der Schnittpunkte A und B:

$$p = g$$

$$x^2 - \frac{3}{4}x - \frac{1}{2} = -\frac{3}{4}x + \frac{7}{2} \quad \Big\vert +\frac{3}{4}x \quad \Big\vert -\frac{7}{2}$$

$$x^2 - 4 = 0 \quad \vert +4$$

$$x^2 = 4 \quad \vert \sqrt{\ }$$

$$x_1 = \underline{-2};\quad x_2 = \underline{2}$$

$x_1 = -2$ in g: $y_1 = -\frac{3}{4} \cdot (-2) + \frac{7}{2} = \frac{3}{2} + \frac{7}{2} = \underline{5} \Rightarrow \underline{A(-2 \mid 5)}$

$x_2 = 2$ in g: $y_2 = -\frac{3}{4} \cdot 2 + \frac{7}{2} = -\frac{3}{2} + \frac{7}{2} = \underline{2} \Rightarrow \underline{B(2 \mid 2)}$

Skizze:

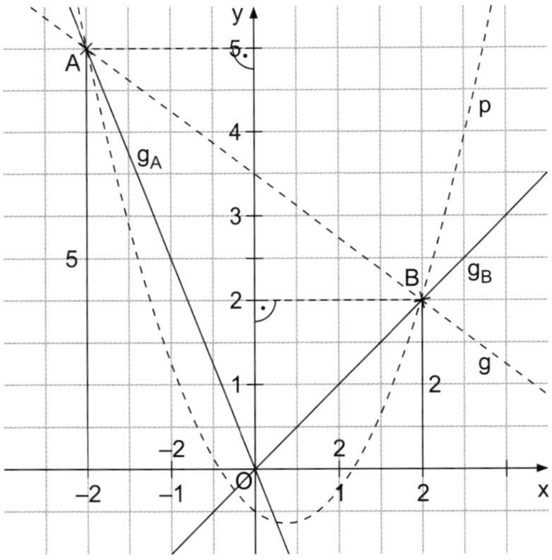

Hinweis: Wer sich mit Brüchen schwertut, kann alternativ mit Dezimalzahlen in den Funktionsgleichungen rechnen:

p: $y = x^2 - 0{,}75x - 0{,}5$

g: $y = -0{,}75x + 3{,}5$

Hier ergibt sich eine reinquadratische Gleichung, die ohne quadratische Lösungsformel gelöst werden kann.

Prüfung, ob die Geraden g_A und g_B aufeinander senkrecht stehen:

$m_{g_A} = \frac{5}{-2} = -2{,}5$

$m_{g_B} = \frac{2}{2} = 1$

$\Rightarrow \quad \underline{m_{g_A} = -2{,}5 \neq -1 = -\frac{1}{m_{g_B}}}$

A: Die Geraden g_A und g_B stehen nicht aufeinander senkrecht.

Hinweise und Tipps

Zur Prüfung sind nur die Steigungsfaktoren nötig. Da beide Geraden durch den Ursprung O gehen, kann das Steigungsdreieck direkt über die Koordinaten der Punkte A und B gebildet werden (vgl. Skizze).

---

41 **Bestimmung der Gleichung von Gerade g**

Berechnung der Koordinaten von Schnittpunkt T:

$p_1 = p_2$

$x^2 + 4x + 1 = x^2 - 4x + 9 \quad |-x^2 \quad |+4x \quad |-1$

$8x = 8 \quad |:8$

$x = \underline{1}$

$x = 1$ in p_1: $y = 1^2 + 4 \cdot 1 + 1 = \underline{6} \quad \Rightarrow \quad \underline{T(1\,|\,6)}$

Beachte auch immer die Aufgabenstellung genau – hier ergeben sich oft Hinweise. In diesem Fall ist von einem Schnittpunkt die Rede; kommen also zwei Schnittpunkte heraus, hat man sich zuvor verrechnet.

Berechnung von c:

$y = mx + c \quad | m = 2;\ T(1\,|\,6)$

$6 = 2 \cdot 1 + c \quad |-2$

$c = \underline{4}$

Bestimmung der Funktionsgleichung von Gerade g:

g: $y = mx + c \quad | m = 2;\ c = 4$

g: $\underline{\underline{y = 2x + 4}}$

Nachweis, dass die Strecken $\overline{PT}$ und $\overline{TQ}$ gleich lang sind

Berechnung der Koordinaten von Schnittpunkt P von Parabel p_1 und Gerade g:

$p_1 = g$

$x^2 + 4x + 1 = 2x + 4 \quad |-2x \quad |-4$

$x^2 + 2x - 3 = 0$

$x_{1/2} = -\frac{2}{2} \pm \sqrt{\left(\frac{2}{2}\right)^2 - (-3)}$

$x_{1/2} = -1 \pm \sqrt{1+3}$

$x_{1/2} = -1 \pm 2$

$(x_1 = 1 = x_T);\quad x_2 = \underline{-3}$

Es kommt nur der x-Wert infrage, der nicht mit der x-Koordinate von Punkt T übereinstimmt.

$x_2 = -3$ in g: $y_2 = 2 \cdot (-3) + 4 = \underline{-2} \quad \Rightarrow \quad \underline{P(-3\,|\,-2)}$

Berechnung der Koordinaten von Schnittpunkt Q, von Parabel p_2 und Gerade g:

$p_2 = g$

$x^2 - 4x + 9 = 2x + 4 \quad |-2x \quad |-4$

$x^2 - 6x + 5 = 0$

$x_{1/2} = -\frac{-6}{2} \pm \sqrt{\left(\frac{-6}{2}\right)^2 - 5}$

$x_{1/2} = 3 \pm \sqrt{9-5}$

Es kommt nur der x-Wert infrage, der nicht mit der x-Koordinate von Punkt T übereinstimmt.

Hinweise und Tipps

$x_{1/2} = 3 \pm 2$

$x_1 = \underline{5}; \quad (x_2 = 1 = x_T)$

$x_1 = 5$ in g: $y_2 = 2 \cdot 5 + 4 = \underline{14} \quad \Rightarrow \quad \underline{Q(5\,|\,14)}$

Berechnung von $\overline{PT}$:

$\overline{PT} = d(P; T)$

$\overline{PT} = \sqrt{(x_T - x_P)^2 + (y_T - y_P)^2}$

$\overline{PT} = \sqrt{(1-(-3))^2 + (6-(-2))^2}$

$\overline{PT} = \sqrt{16 + 64}$

$\overline{PT} = \sqrt{80}$

$\overline{PT} = \underline{4\sqrt{5}}$

Berechnung von $\overline{TQ}$:

$\overline{TQ} = d(T; Q)$

$\overline{TQ} = \sqrt{(x_Q - x_T)^2 + (y_Q - y_T)^2}$

$\overline{TQ} = \sqrt{(5-1)^2 + (14-6)^2}$

$\overline{TQ} = \sqrt{16 + 64}$

$\overline{TQ} = \sqrt{80}$

$\overline{TQ} = \underline{4\sqrt{5}}$

$\Rightarrow \quad \underline{\underline{\overline{PT} = \overline{TQ}}}$

Hinweis: Da hier die Gleichheit von Streckenlängen nachzuweisen ist, sollte möglichst nicht gerundet werden.

Skizze:

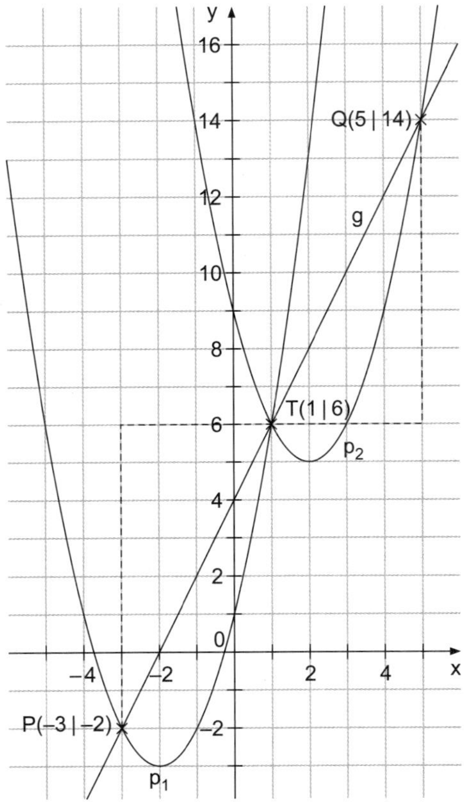

42 **Zeichnung zum Sachverhalt**

Bestimmung der Koordinaten von Schnittpunkt C der Geraden g mit der y-Achse:

$y = \frac{1}{2}x + 4 \quad | \, x = 0$

$y = \underline{4}$

$\Rightarrow \quad \underline{C(0\,|\,4)}$

Berechnung der Schnittpunkte P und R von Gerade g mit Parabel p:

$p = g$

$x^2 - 8x + 17 = \frac{1}{2}x + 4 \quad \left| -\frac{1}{2}x \quad \right| -4$

$x^2 - 8{,}5x + 13 = 0$

$x_{1/2} = -\frac{-8{,}5}{2} \pm \sqrt{\left(\frac{-8{,}5}{2}\right)^2 - 13}$

$x_{1/2} = 4{,}25 \pm \sqrt{5{,}0625}$

$x_{1/2} = 4{,}25 \pm 2{,}25$

$x_1 = \underline{6{,}5}; \quad x_2 = \underline{2}$

Hinweise und Tipps

$x_1 = 6{,}5$ in g: $y_1 = \frac{1}{2} \cdot 6{,}5 + 4 = \underline{7{,}25} \quad \Rightarrow \quad \underline{P(6{,}5\,|\,7{,}25)}$

$x_2 = 2$ in g: $y_2 = \frac{1}{2} \cdot 2 + 4 = \underline{5} \quad \Rightarrow \quad \underline{R(2\,|\,5)}$

Berechnung der Koordinaten von Scheitelpunkt S der Parabel p (für die Zeichnung):

$y = x^2 - 8x + 17$

$y = x^2 - 8x + 4^2 - 4^2 + 17$

$y = (x-4)^2 + 1$

$\Rightarrow \quad \underline{S(4\,|\,1)}$

Zeichnung:

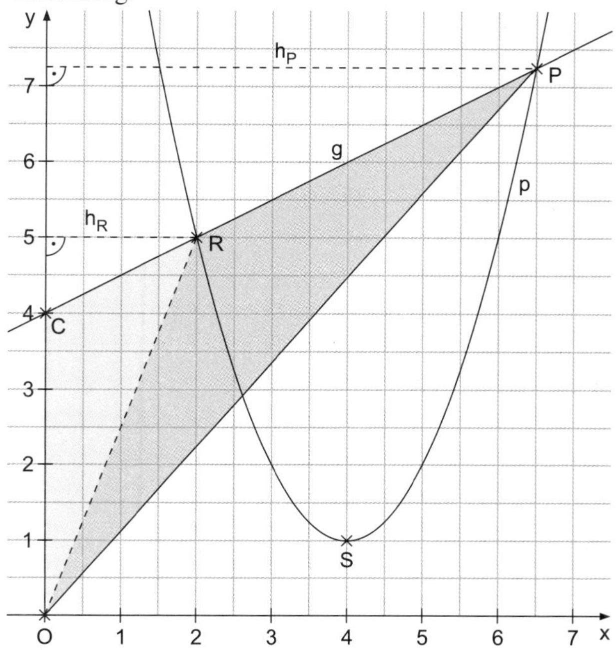

Berechnung der Flächeninhalte

Berechnung des Flächeninhalts von Dreieck OPC:

$A_{OPC} = \frac{1}{2} \cdot \overline{CO} \cdot h_P \quad \Big| \quad h_P = x_P; \; \overline{CO} = y_C$

Wählt man $\overline{CO}$ als Grundseite, dann entspricht die x-Koordinate von P der zugehörigen Höhe h_P.

$A_{OPC} = \frac{1}{2} \cdot 4 \cdot 6{,}5$

$A_{OPC} = \underline{\underline{13\text{ FE}}}$

Berechnung des Flächeninhalts von Dreieck ORC:

$A_{ORC} = \frac{1}{2} \cdot \overline{CO} \cdot h_R \quad \Big| \quad h_R = x_R; \; \overline{CO} = y_C$

Wählt man $\overline{CO}$ als Grundseite, dann entspricht die x-Koordinate von R der zugehörigen Höhe h_R.

$A_{ORC} = \frac{1}{2} \cdot 4 \cdot 2$

$A_{ORC} = \underline{\underline{4\text{ FE}}}$

Berechnung des Flächeninhalts von Dreieck OPR:

$A_{OPR} = A_{OPC} - A_{ORC} = 13 - 4 = \underline{\underline{9\text{ FE}}}$

Hinweise und Tipps

43 **Zeichnung**

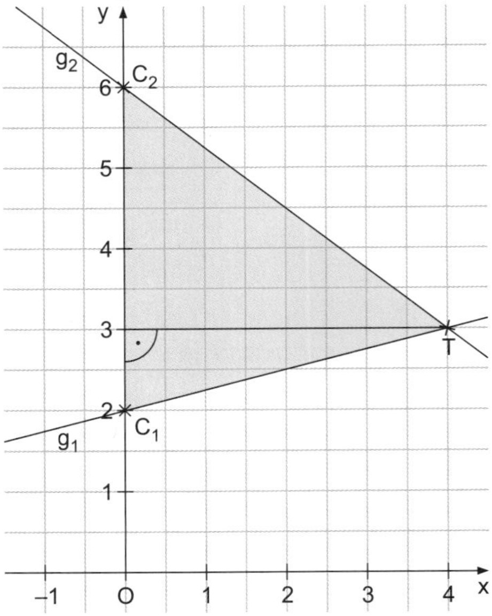

Berechnung der Koordinaten von Punkt T und des Flächeninhalts des Dreiecks C_1TC_2

Berechnung der Koordinaten des Schnittpunkts T der Geraden g_1 und g_2:

$$g_1 = g_2$$

$$\frac{1}{4}x + 2 = -\frac{3}{4}x + 6 \quad \left| +\frac{3}{4}x \quad \right| -2$$

$$x = \underline{4}$$

$x = 4$ in g_1: $y = \frac{1}{4} \cdot 4 + 2 = \underline{3} \quad \Rightarrow \quad \underline{\underline{T(4\,|\,3)}}$

Berechnung von $\overline{C_2C_1}$:

$$\overline{C_2C_1} = c_2 - c_1 \quad \left| \begin{array}{l} g_1: \frac{1}{4}x + 2 \quad \Rightarrow \quad c_1 = 2 \\ g_2: -\frac{3}{4}x + 6 \quad \Rightarrow \quad c_2 = 6 \end{array} \right.$$

$$\overline{C_2C_1} = 6 - 2$$

$$\overline{C_2C_1} = \underline{4\text{ LE}}$$

Berechnung von Höhe h im Dreieck C_1TC_2:

$$h = x_T$$

$$h = \underline{4\text{ LE}}$$

Berechnung des Flächeninhalts A von Dreieck C_1TC_2:

$$A = \frac{1}{2} \cdot \overline{C_2C_1} \cdot h$$

$$A = \frac{1}{2} \cdot 4 \cdot 4$$

$$A = \underline{\underline{8\text{ FE}}}$$

Hinweise und Tipps

Abänderung eines Parameters in einer der Geradengleichungen, sodass Dreieck C_1TC_2 rechtwinklig wird

$m_1 = 0 \;\Rightarrow\; g_1\colon y = 2$
$\Rightarrow\; g_1$ steht senkrecht auf der y-Achse
$\Rightarrow$ Dreieck C_1TC_2 ist rechtwinklig

Eine Änderung des y-Achsenabschnitts ändert die Winkel zwischen den Dreiecksseiten nicht. Es muss also ein Steigungsfaktor geändert werden.
Durch Änderung des Steigungsfaktors m_1 von g_1 auf 0 verläuft Gerade g_1 nun parallel zur x-Achse und es entsteht ein rechter Winkel im Punkt C_1.

Alternative Lösungsmöglichkeit:
$m_2 = 0 \;\Rightarrow\; g_2\colon y = 6$
$\Rightarrow\; g_2$ steht senkrecht auf der y-Achse
$\Rightarrow$ Dreieck C_1TC_2 ist rechtwinklig

Durch Änderung des Steigungsfaktors m_2 von g_2 auf 0 verläuft Gerade g_2 nun parallel zur x-Achse und es entsteht ein rechter Winkel im Punkt C_2.

Alternative Lösungsmöglichkeit:
$m_1 = \frac{4}{3} \;\Rightarrow\; m_1 = \frac{4}{3} = -\frac{1}{-\frac{3}{4}} = -\frac{1}{m_2}$
$\Rightarrow\; g_1$ steht senkrecht auf g_2
$\Rightarrow$ Dreieck C_1TC_2 ist rechtwinklig

Durch Änderung des Steigungsfaktors m_1 von g_1 in den negativen Kehrwert von m_2 verläuft Gerade g_1 nun senkrecht zur Gerade g_2 und es entsteht ein rechter Winkel im Punkt T.

Alternative Lösungsmöglichkeit:
$m_2 = -4 \;\Rightarrow\; m_1 = \frac{1}{4} = -\frac{1}{-4} = -\frac{1}{m_2}$
$\Rightarrow\; g_1$ steht senkrecht auf g_2
$\Rightarrow$ Dreieck C_1TC_2 ist rechtwinklig

Durch Änderung des Steigungsfaktors m_2 von g_2 in den negativen Kehrwert von m_1 verläuft Gerade g_2 nun senkrecht zur Gerade g_1 und es entsteht ein rechter Winkel im Punkt T.

Abänderung des Steigungsfaktors in einer der Geradengleichungen, sodass es kein Dreieck C_1TC_2 gibt

$m_1 = -\frac{3}{4} \;\Rightarrow\; m_1 = m_2$
$\Rightarrow\; g_1$ und g_2 verlaufen parallel
$\Rightarrow\; g_1$ und g_2 schneiden sich nicht in Punkt T
$\Rightarrow$ Dreieck C_1TC_2 existiert nicht

Alternative Lösungsmöglichkeit:
$m_2 = \frac{1}{4} \;\Rightarrow\; m_1 = m_2$
$\Rightarrow\; g_1$ und g_2 verlaufen parallel
$\Rightarrow\; g_1$ und g_2 schneiden sich nicht in Punkt T
$\Rightarrow$ Dreieck C_1TC_2 existiert nicht

---

44 Skizze:

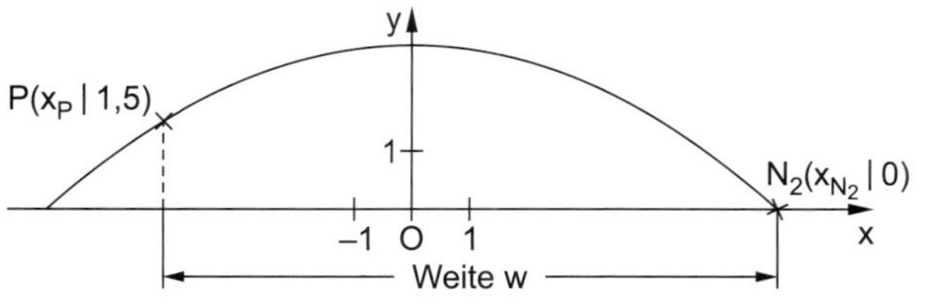

Der Kirschkern fliegt von Punkt P bis N_2. Von beiden Punkten sind die y-Koordinaten (1,5 und 0) bekannt. Mithilfe der Funktionsgleichung können die zugehörigen x-Koordinaten und damit schließlich die gesuchte Weite bestimmt werden.

Berechnung der x-Koordinate des Startpunkts P:

$y = -0{,}07x^2 + 2{,}8 \quad | \; P(x_P \,|\, 1{,}5)$
$1{,}5 = -0{,}07x_P^2 + 2{,}8 \quad | -2{,}8$
$-1{,}3 = -0{,}07x_P^2 \quad | :(-0{,}07)$
$x_P^2 = 18{,}57 \quad | \sqrt{\;}$
$(x_P = 4{,}31) \;\Rightarrow$ liegt rechts vom Ursprung, keine Lösung für x_P
$x_P = \underline{-4{,}31} \;\Rightarrow$ liegt links vom Ursprung: Lösung für x_P

Hinweise und Tipps

Berechnung der x-Koordinate des Auftreffpunkts N_2:

$$\begin{aligned} y &= -0{,}07x^2 + 2{,}8 && \mid N_2(x_{N_2} \mid 0) \\ 0 &= -0{,}07x_{N_2}^{\ 2} + 2{,}8 && \mid -2{,}8 \\ -2{,}8 &= -0{,}07x_{N_2}^{\ 2} && \mid :(-0{,}07) \\ x_{N_2}^{\ 2} &= 40 && \mid \sqrt{\ } \\ x_{N_2} &= \underline{6{,}32} && \Rightarrow \text{ liegt rechts vom Ursprung: Lösung für } x_{N_2} \\ (x_{N_2} &= -6{,}32) && \Rightarrow \text{ liegt links vom Ursprung, keine Lösung für } x_{N_2} \end{aligned}$$

Berechnung der erzielten Weite w des Kirschkerns:

$$\begin{aligned} w &= x_{N_2} - x_P \\ w &= 6{,}32 - (-4{,}31) \\ w &= 10{,}63 \\ w &= \underline{\underline{10{,}6\text{ m}}} \end{aligned}$$

---

45 Skizze:

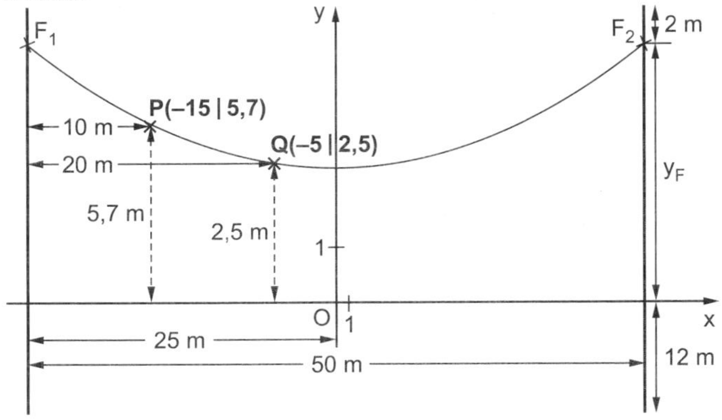

Zunächst werden alle gegebenen Abstände in die Skizze übertragen. Beim Einzeichnen der Koordinatenachsen ist es sinnvoll, die x-Achse auf die Fahrbahn zu legen, sodass die y-Koordinaten der Punkte P und Q mit den gemessenen Höhen übereinstimmen. Die y-Achse legt man durch den Scheitelpunkt der Kette, sodass die Kette durch eine Parabel der Form $y = ax^2 + c$ beschrieben wird.

Die Pfosten sind 50 m voneinander und somit jeweils 25 m von der y-Achse entfernt. Jay misst 10 m und 20 m vom linken Brückenpfosten entfernt. Damit liegt P um 25 − 10 = 15 LE und Q um 25 − 20 = 5 LE von der y-Achse entfernt. Achtung: Die entsprechenden x-Koordinaten von P und Q sind negativ. (Wegen der Symmetrie liegen auch die Punkte (15 | 5,7) und (5 | 2,5) auf der Parabel.)

Berechnung, wie hoch über der Fahrbahn sich die Kette an ihrer tiefsten Stelle befindet

Berechnung von a und c:

$$\begin{aligned} & & y &= ax^2 + c \\ &(1)\ P(-15 \mid 5{,}7): & 5{,}7 &= a \cdot (-15)^2 + c \\ &(2)\ Q(-5 \mid 2{,}5): & 2{,}5 &= a \cdot (-5)^2 + c && \mid \cdot(-1) \\ &(1') & 5{,}7 &= 225a + c \\ &(2') & -2{,}5 &= -25a - c \\ &(1') + (2'): & 3{,}2 &= 200a && \mid :200 \\ & & a &= \underline{0{,}016} \\ &a = 0{,}016 \text{ in } (2'): & -2{,}5 &= -25 \cdot 0{,}016 - c \\ & & -2{,}5 &= -0{,}4 - c && \mid +c \quad \mid +2{,}5 \\ & & c &= \underline{\underline{2{,}1\text{ m}}} \end{aligned}$$

c entspricht der y-Koordinate des Scheitelpunkts. Da die x-Achse auf der Fahrbahn liegt, muss hier nichts addiert werden.

A: An ihrer tiefsten Stelle befindet sich die Kette 2,1 m über der Fahrbahn.

Hinweise und Tipps

Berechnung, wie hoch die Pfosten aus dem Wasser ragen

Bestimmung einer möglichen Funktionsgleichung für die Kette:

$y = ax^2 + c \qquad | \, a = 0{,}016; \; c = 2{,}1$

$\underline{y = 0{,}016x^2 + 2{,}1}$

Berechnung der maximalen Kettenhöhe y_F über der Fahrbahn:

$y = 0{,}016x^2 + 2{,}1 \qquad | \, x_{F_2} = 25$

$y_F = 0{,}016 \cdot 25^2 + 2{,}1$

$y_F = 12{,}1 \text{ m}$

Für die maximale Kettenhöhe über der Fahrbahn benötigt man die y-Koordinate des Punkts $F_1(-25 \,|\, y_F)$ oder des Punkts $F_2(25 \,|\, y_F)$ auf der Parabel.

Berechnung der Pfostenhöhe h über dem Wasser:

$h = y_F + 2 + 12$

$h = 12{,}1 + 2 + 12$

$h = \underline{\underline{26{,}1 \text{ m}}}$

Die Fahrbahn verläuft 12 m über dem Wasser und die Kette ist 2 m unterhalb der Pfostenspitze befestigt.

A: Die Pfosten ragen 26,1 m aus dem Wasser.

4 Geometrie und Trigonometrie

46 $0{,}00004\ \text{m}^2 = 0{,}0004 \cdot 10\,000\ \text{cm}^2 = \underline{\underline{0{,}4\ \text{cm}^2}}$

oder:

$0{,}00004\ \text{m}^2 = 0{,}0004 \cdot 1\,000\,000\ \text{mm}^2 = \underline{\underline{40\ \text{mm}^2}}$

Hinweise und Tipps: Als sinnvolle Einheiten sind solche anzusehen, bei denen die Maßzahl nicht extrem groß oder klein ist.

Alternative Lösungsmöglichkeit:

$0{,}00004\ \text{m}^2$) · 100
$= 0{,}004\ \text{dm}^2$) · 100
$= \underline{\underline{0{,}4\ \text{cm}^2}}$

Die angezeigten Umrechnungen (· 100) sind nur informativ und können auch weggelassen werden.

---

47 $4\,240\ \text{m}^2 = \frac{4\,240}{100}\ \text{a} = \frac{4\,240}{10\,000}\ \text{ha} = \underline{\underline{0{,}4\ \text{ha}}} \quad (< 0{,}5\ \text{ha})$

Alternative Lösungsmöglichkeit:

$4\,240\ \text{m}^2$) · 100
$= 42{,}4\ \text{a}$) · 100
$= \underline{\underline{0{,}4\ \text{ha}}}$

A: Das Grundstück von Inka ist größer.

---

48 $16{,}5\ \text{mm} \cdot 87 = 1\,435{,}5\ \text{mm}$) : 1 000
$= \underline{\underline{1{,}4\ \text{m}}}$

A: Die Schienen haben eine Spurbreite von ca. 1,4 m.

---

49 Berechnung von h:

$8{,}5^2 = 6{,}8^2 + h^2 \quad | -6{,}8^2$

$h^2 = 8{,}5^2 - 6{,}8^2 \quad | \sqrt{\ }$

$h = \underline{5{,}10\ \text{cm}}$

Satz des Pythagoras im linken Teildreieck

Berechnung von x:

$x^2 = h^2 + 3{,}2^2$

$x^2 = 5{,}10^2 + 3{,}2^2 \quad | \sqrt{\ }$

$x = \underline{\underline{6{,}0\ \text{cm}}}$

Satz des Pythagoras im rechten Teildreieck

---

50 Berechnung von Höhe h und Seite d:

$A = \frac{1}{2}(a+c) \cdot h \quad \left| \cdot \frac{2}{a+c} \right.$

Flächenformel umformen nach h

$h = \frac{2 \cdot A}{a+c}$

$h = \frac{2 \cdot 34{,}5}{9{,}6+5{,}4}$

$h = \underline{4{,}60\ \text{cm}}$

Hinweise und Tipps

$\overline{AB} \parallel \overline{CD}$

$\Rightarrow \quad d = \underline{4,60 \text{ cm}}$

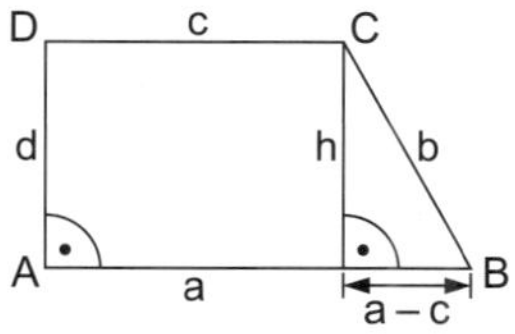

Berechnung von Seite b:

$b^2 = h^2 + (a-c)^2$

$b^2 = 4,6^2 + (9,6 - 5,4)^2$

$b^2 = 4,6^2 + 4,2^2 \quad |\sqrt{\ }$

$b = \underline{6,23 \text{ cm}}$

Berechnung von Umfang u:

$u = a + b + c + d$

$u = 9,6 + 6,23 + 5,4 + 4,6$

$u = \underline{\underline{25,8 \text{ cm}}}$

---

51 Skizze:

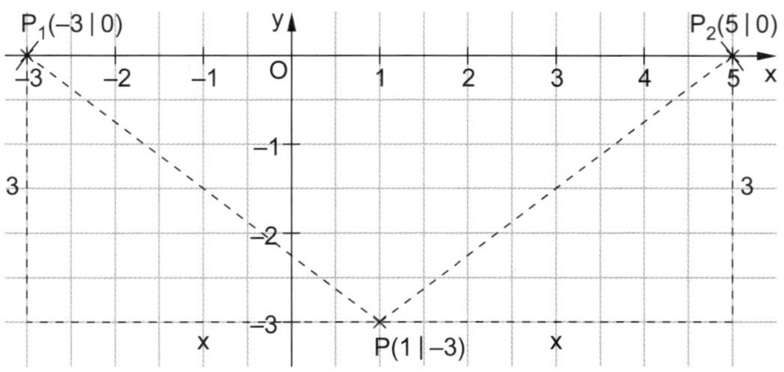

Da die Punkte P_1 und P_2 auf der x-Achse liegen, haben sie die y-Koordinate 0 und der vertikale Abstand zu Punkt $P(1 \mid -3)$ beträgt 3 LE. Somit ergibt sich über den Satz des Pythagoras:

$5^2 = 3^2 + x^2 \quad | -3^2$

$x^2 = 5^2 - 3^2$

$x^2 = 25 - 9 \quad |\sqrt{\ }$

$x = \underline{\underline{4 \text{ LE}}}$

Die negative Lösung ist nicht sinnvoll.

Daher sind die Punkte mit den Koordinaten $P_1(1-4 \mid 0) = P_1(-3 \mid 0)$ und $P_2(1+4 \mid 0) = P_2(5 \mid 0)$ genau 5 LE von P entfernt (und liegen auf der x-Achse).

52

Da sich die Seiten um 4 cm unterscheiden, bezeichne die Seiten mit a und a + 4.

$20^2 = a^2 + (a+4)^2$

$400 = a^2 + a^2 + 8a + 16 \quad | -400$

$2a^2 + 8a - 384 = 0 \quad | :2$

$a^2 + 4a - 192 = 0$

$a_{1/2} = -\frac{4}{2} \pm \sqrt{\left(\frac{4}{2}\right)^2 - (-192)}$

$a_{1/2} = -2 \pm \sqrt{196}$

$a = -2 + 14$

$a = \underline{\underline{12}}$

Hier ist nur die positive Lösung sinnvoll.

Die Seitenlängen betragen 12 cm und 12 + 4 = 16 cm.

Hinweise und Tipps

53 Die richtigen Verhältnisse sind unverändert, die **falschen** wurden verbessert:

☐ $\frac{a+b}{b}=\frac{\mathbf{d+e}}{e}$	☒ $\frac{b}{c}=\frac{e}{f}$	☐ $\frac{x}{y}=\frac{\mathbf{a+b}}{b}$
☒ $\frac{y}{x}=\frac{e}{d+e}$	☒ $\frac{f}{e+d}=\frac{c}{a+b}$	☐ $\frac{z}{x}=\frac{f}{\mathbf{e+d}}$
☒ $\frac{z}{x}=\frac{c}{a+b}$	☒ $\frac{a}{b}=\frac{d}{e}$	☐ $\frac{y}{z}=\frac{\mathbf{b}}{\mathbf{c}}$

---

54 Berechnung von x:

Das Streckzentrum liegt im Punkt B.

$$\frac{x}{\overline{AC}}=\frac{\overline{BE}}{\overline{BC}} \quad |\cdot\overline{AC}$$

$$x=\frac{\overline{AC}\cdot\overline{BE}}{\overline{BC}}$$

$$x=\frac{6{,}9\cdot7{,}2}{10{,}8}$$

$$x=\underline{\underline{4{,}6\text{ cm}}}$$

Berechnung von y:

y ist ein Abschnitt, wird daher nicht verwendet, dafür wird die kürzere Dreiecksseite durch $\overline{AB}-y$ ausgedrückt.

$$\frac{\overline{AB}-y}{\overline{AB}}=\frac{\overline{BE}}{\overline{BC}} \quad |\cdot\overline{AB}$$

$$\overline{AB}-y=\frac{\overline{BE}\cdot\overline{AB}}{\overline{BC}} \quad |-\overline{AB}$$

$$-y=\frac{\overline{BE}\cdot\overline{AB}}{\overline{BC}}-\overline{AB} \quad |\cdot(-1)$$

$$y=\overline{AB}-\frac{\overline{BE}\cdot\overline{AB}}{\overline{BC}}$$

$$y=12{,}6-\frac{7{,}2\cdot12{,}6}{10{,}8}$$

$$y=\underline{\underline{4{,}2\text{ cm}}}$$

Alternativ kann auch $\overline{CE}$ errechnet werden ($\overline{CE}=3{,}6$ cm) und dann dazu y als entsprechende Strecke angesehen werden.

---

55 Berechnung von $\overline{CE}$:

Streckzentrum im Punkt C

$$\frac{\overline{CE}}{\overline{CA}}=\frac{\overline{ED}}{\overline{AB}} \quad |\cdot\overline{CA}$$

$$\overline{CE}=\frac{\overline{ED}\cdot\overline{CA}}{\overline{AB}}$$

$$\overline{CE}=\frac{5{,}5\cdot4{,}9}{7{,}7}$$

$$\overline{CE}=\underline{3{,}50\text{ cm}}$$

Berechnung von $\overline{AE}$:

$$\overline{AE}=\overline{AC}-\overline{CE}=4{,}9-3{,}50=\underline{1{,}40\text{ cm}}$$

Hinweise und Tipps

Berechnung von $\overline{CD}$:

Streckzentrum im Punkt C

$\frac{\overline{CD}}{\overline{CB}} = \frac{\overline{ED}}{\overline{AB}} \quad |\cdot \overline{CB}$

$\overline{CD} = \frac{\overline{ED} \cdot \overline{CB}}{\overline{AB}}$

$\overline{CD} = \frac{5,5 \cdot 6,3}{7,7}$

$\overline{CD} = \underline{4,50 \text{ cm}}$

Berechnung von $\overline{DB}$:

$\overline{DB} = \overline{BC} - \overline{CD} = 6,30 - 4,50 = \underline{1,80 \text{ cm}}$

Berechnung von $\overline{AF}$:

Streckzentrum im Punkt A

$\frac{\overline{AF}}{\overline{AB}} = \frac{\overline{AE}}{\overline{AC}} \quad |\cdot \overline{AB}$

$\overline{AF} = \frac{\overline{AE} \cdot \overline{AB}}{\overline{AC}}$

$\overline{AF} = \frac{1,40 \cdot 7,7}{4,9}$

$\overline{AF} = \underline{2,20 \text{ cm}}$

Berechnung von $\overline{BG}$:

Streckzentrum im Punkt B

$\frac{\overline{BG}}{\overline{AB}} = \frac{\overline{BD}}{\overline{BC}} \quad |\cdot \overline{AB}$

$\overline{BG} = \frac{\overline{BD} \cdot \overline{AB}}{\overline{BC}}$

$\overline{BG} = \frac{1,80 \cdot 7,7}{6,3}$

$\overline{BG} = \underline{2,20 \text{ cm}}$

Berechnung von $\overline{FG}$:

$\overline{FG} = \overline{AB} - \overline{AF} - \overline{BG} = 7,7 - 2,20 - 2,20 = \underline{\underline{3,3 \text{ cm}}}$

---

56 Beschriftung des Dreiecks:

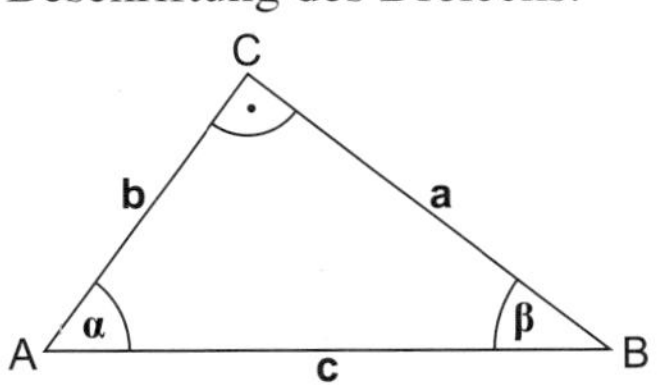

Angabe von cos α und tan β:

$\cos\alpha = \frac{b}{c} = \frac{\overline{AC}}{\overline{AB}}$

$\tan\beta = \frac{b}{a} = \frac{\overline{AC}}{\overline{BC}}$

Berechnung der übrigen Größen:

$\beta = 90° - \alpha = 90° - 39,4° = \underline{\underline{50,6°}}$

Natürlich könnte man hier auch anders vorgehen, z. B. zunächst $\overline{AB}$ über sin α bestimmen und über weitere Winkelfunktionen die fehlenden Seiten.

Hinweise und Tipps

$$\tan\beta = \frac{\overline{AC}}{\overline{BC}} \quad |\cdot \overline{BC}$$

$$\overline{AC} = \overline{BC} \cdot \tan\beta$$

$$\overline{AC} = 4{,}2 \cdot \tan 50{,}6^\circ$$

$$\overline{AC} = \underline{\underline{5{,}1\text{ cm}}}$$

$$\cos\alpha = \frac{\overline{AC}}{\overline{AB}} \quad |\cdot \overline{AB}$$

$$\overline{AB} \cdot \cos\alpha = \overline{AC} \quad |:\cos\alpha$$

$$\overline{AB} = \frac{\overline{AC}}{\cos\alpha}$$

$$\overline{AB} = \frac{5{,}1}{\cos 39{,}4^\circ}$$

$$\overline{AB} = \underline{\underline{6{,}6\text{ cm}}}$$

Die dritte Seite könnte man auch mit dem Satz des Pythagoras bestimmen. Unter Umständen kommen dann geringfügig abweichende Ergebnisse heraus; das muss in der Geometrie toleriert werden.

---

57 $\sin\delta = \boxed{\frac{\overline{\mathbf{EF}}}{\overline{\mathbf{DE}}}}$

$$\boxed{\tan\varepsilon} = \frac{\overline{DF}}{\overline{EF}}$$

$$\cos\boxed{\delta} = \frac{\overline{DF}}{\boxed{\overline{\mathbf{DE}}}}$$

---

58 Geg.: $\overline{BC} = 10{,}0\text{ cm}$, $\overline{BD} = 6{,}6\text{ cm}$

Ges.: β, γ

Berechnung von β:

$$\cos\beta = \frac{\overline{BD}}{\overline{BC}}$$

$$\cos\beta = \frac{6{,}6}{10{,}0}$$

$$\cos\beta = 0{,}66$$

$$\beta = \underline{\underline{48{,}7^\circ}}$$

Berechnung von γ:

γ könnte man auch über die Winkelsumme berechnen.

$$\sin\gamma = \frac{\overline{BD}}{\overline{BC}}$$

$$\sin\gamma = \frac{6{,}6}{10{,}0}$$

$$\sin\gamma = 0{,}66$$

$$\gamma = \underline{\underline{41{,}3^\circ}}$$

Hinweise und Tipps

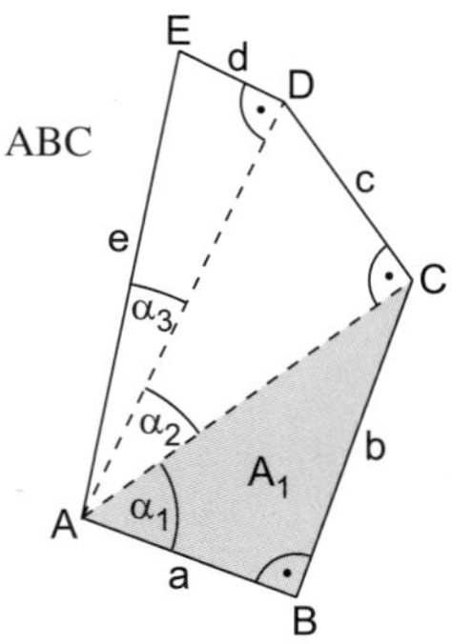

59 Berechnung von $\overline{BC}$:

Flächenformel im Teildreieck ABC

$$A_1 = \frac{1}{2}\overline{AB}\cdot\overline{BC} \quad \Big|\cdot\frac{2}{\overline{AB}}$$

Umformen nach $\overline{BC}$

$$\overline{BC} = \frac{2\cdot A_1}{\overline{AB}}$$

$$\overline{BC} = \frac{2\cdot 8{,}4}{2{,}8}$$

$$\overline{BC} = \underline{6{,}0\text{ cm}}$$

Berechnung von α_1:

Tangens im Teildreieck ABC

$$\tan\alpha_1 = \frac{\overline{BC}}{\overline{AB}}$$

$$\tan\alpha_1 = \frac{6{,}0}{2{,}8}$$

$$\alpha_1 = \underline{65{,}0^\circ}$$

Berechnung von $\overline{AC}$:

$$\overline{AC}^2 = \overline{AB}^2 + \overline{BC}^2$$

$$\overline{AC}^2 = 2{,}8^2 + 6{,}0^2 \quad |\sqrt{\ }$$

$$\overline{AC} = \underline{6{,}62\text{ cm}}$$

Die Strecke $\overline{AC}$ kommt in 2 Teildreiecken vor.

Berechnung von $\overline{CD}$:

$$\tan\alpha_2 = \frac{\overline{CD}}{\overline{AC}} \quad |\cdot\overline{AC}$$

$$\overline{CD} = \overline{AC}\cdot\tan\alpha_2 \quad |\alpha_2 = \alpha_1 - 15^\circ = 50^\circ$$

Da α_1 bereits berechnet wurde, kann α_2 mithilfe der Angabe bestimmt werden.

$$\overline{CD} = 6{,}62\cdot\tan 50^\circ$$

$$\overline{CD} = \underline{7{,}89\text{ cm}}$$

Berechnung von $\overline{AD}$:

$$\overline{AD}^2 = \overline{AC}^2 + \overline{CD}^2$$

$$\overline{AD}^2 = 6{,}62^2 + 7{,}89^2 \quad |\sqrt{\ }$$

$$\overline{AD} = \underline{10{,}30\text{ cm}}$$

Die Strecke $\overline{AD}$ kommt in 2 Teildreiecken vor.

Berechnung von $\overline{DE}$:

$$\tan\alpha_3 = \frac{\overline{DE}}{\overline{AD}} \quad |\cdot\overline{AD}$$

$$\overline{DE} = \overline{AD}\cdot\tan\alpha_3 \quad \Big|\alpha_3 = \frac{1}{2}\alpha_2 = 25^\circ$$

Da α_2 bereits bekannt ist, kann α_3 mithilfe der Angabe bestimmt werden.

$$\overline{DE} = 10{,}30\cdot\tan 25^\circ$$

$$\overline{DE} = \underline{4{,}80\text{ cm}}$$

Berechnung von $\overline{AE}$:

$$\overline{AE}^2 = \overline{AD}^2 + \overline{DE}^2$$

$$\overline{AE}^2 = 10{,}30^2 + 4{,}80^2 \quad |\sqrt{\ }$$

$$\overline{AE} = \underline{11{,}36\text{ cm}}$$

Hinweise und Tipps

Berechnung des Umfangs u:

$u = \overline{AB} + \overline{BC} + \overline{CD} + \overline{DE} + \overline{AE}$

$u = 2{,}8 + 6{,}0 + 7{,}89 + 4{,}80 + 11{,}36$

$u = \underline{\underline{32{,}9\text{ cm}}}$

---

60 Berechnung von $\overline{BC}$:

$\sin\alpha = \frac{\overline{BC}}{\overline{AB}} \quad |\cdot\overline{AB}$

$\overline{BC} = \overline{AB}\cdot\sin\alpha$

$\overline{BC} = 8{,}4\cdot\sin 36{,}4°$

$\overline{BC} = \underline{4{,}98\text{ cm}}$

Berechnung von $\overline{AC}$:

$\cos\alpha = \frac{\overline{AC}}{\overline{AB}} \quad |\cdot\overline{AB}$

$\overline{AC} = \overline{AB}\cdot\cos\alpha$

$\overline{AC} = 8{,}4\cdot\cos 36{,}4°$

$\overline{AC} = \underline{6{,}76\text{ cm}}$

Berechnung von $\overline{BM}$:

$\overline{BM}^2 = \left(\frac{\overline{AC}}{2}\right)^2 + \overline{BC}^2$ — Satz des Pythagoras im Dreieck BCM

$\overline{BM}^2 = 3{,}38^2 + 4{,}98^2 \quad |\sqrt{\ }$

$\overline{BM} = \underline{\underline{6{,}0\text{ cm}}}$

61

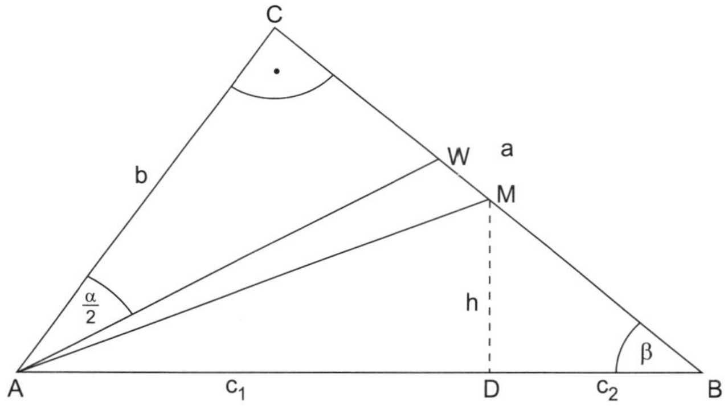

Berechnung von α:

$\tan\alpha = \frac{\overline{BC}}{\overline{AC}}$ — Tangens im Dreieck ABC

$\tan\alpha = \frac{7{,}4}{3{,}9}$

$\alpha = \underline{62{,}2°}$

Hinweise und Tipps

Berechnung von $\overline{AW}$:

$$\cos\frac{\alpha}{2} = \frac{\overline{AC}}{\overline{AW}} \qquad |\cdot\overline{AW}$$

$$\overline{AW}\cdot\cos\frac{\alpha}{2} = \overline{AC} \qquad \Big|:\cos\frac{\alpha}{2}$$

$$\overline{AW} = \frac{\overline{AC}}{\cos\frac{\alpha}{2}} \qquad \Big|\frac{\alpha}{2} = \frac{62{,}2^\circ}{2} = 31{,}1^\circ$$

$$\overline{AW} = \frac{3{,}9}{\cos 31{,}1^\circ}$$

$$\overline{AW} = \underline{4{,}55\text{ cm}}$$

Kosinus im Dreieck AWC

Berechnung von $\overline{AM}$:

$$\overline{AM}^2 = \left(\frac{\overline{BC}}{2}\right)^2 + \overline{AC}^2$$

$$\overline{AM}^2 = 3{,}7^2 + 3{,}9^2 \quad |\sqrt{\ }$$

$$\overline{AM} = \underline{5{,}38\text{ cm}}$$

Satz des Pythagoras im Dreieck AMC

Berechnung von $\overline{CW}$:

$$\overline{AW}^2 = \overline{CW}^2 + \overline{AC}^2 \qquad |-\overline{AC}^2$$

$$\overline{CW}^2 = \overline{AW}^2 - \overline{AC}^2$$

$$\overline{CW}^2 = 4{,}55^2 - 3{,}9^2 \quad |\sqrt{\ }$$

$$\overline{CW} = \underline{2{,}34\text{ cm}}$$

Satz des Pythagoras im Dreieck AWC (oder mit $\tan\frac{\alpha}{2}$ oder $\sin\frac{\alpha}{2}$)

Berechnung von $\overline{MW}$:

$$\overline{MW} = \frac{\overline{BC}}{2} - \overline{CW} = 3{,}7 - 2{,}34 = \underline{1{,}36\text{ cm}}$$

Berechnung des Umfangs u:

$$u = \overline{AM} + \overline{MW} + \overline{AW} = 5{,}38 + 1{,}36 + 4{,}55 = \underline{\underline{11{,}3\text{ cm}}}$$

62

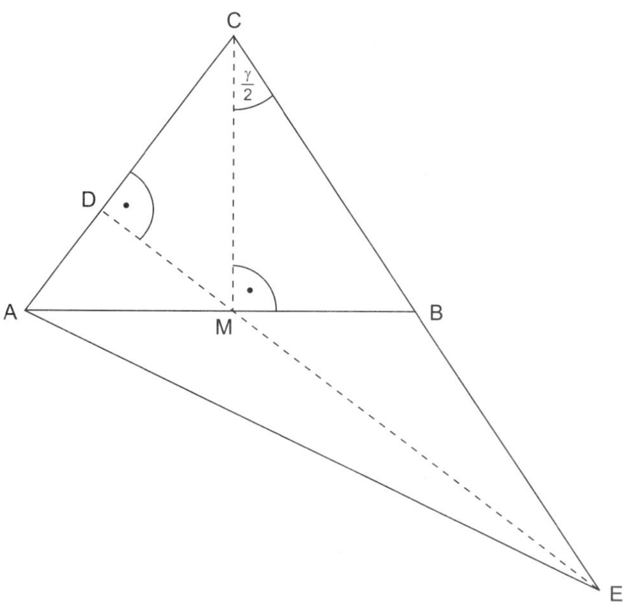

Hinweise und Tipps

Berechnung von $\overline{CM}$:

$$\cos\frac{\gamma}{2} = \frac{\overline{CM}}{\overline{AC}} \quad |\cdot\overline{AC}$$

$$\overline{CM} = \overline{AC}\cdot\cos\frac{\gamma}{2}$$

$$\overline{CM} = 4{,}5\cdot\cos 36{,}2°$$

$$\overline{CM} = \underline{3{,}63\text{ cm}}$$

Kosinus im Dreieck AMC

$$\frac{\gamma}{2} = \frac{72{,}4°}{2} = 36{,}2°$$

Berechnung von $\overline{CD}$:

$$\cos\frac{\gamma}{2} = \frac{\overline{CD}}{\overline{CM}} \quad |\cdot\overline{CM}$$

$$\overline{CD} = \overline{CM}\cdot\cos\frac{\gamma}{2}$$

$$\overline{CD} = 3{,}63\cdot\cos 36{,}2°$$

$$\overline{CD} = \underline{2{,}93\text{ cm}}$$

Kosinus im Dreieck CDM

Berechnung von $\overline{DE}$:

$$\tan\gamma = \frac{\overline{DE}}{\overline{CD}} \quad |\cdot\overline{CD}$$

$$\overline{DE} = \overline{CD}\cdot\tan\gamma$$

$$\overline{DE} = 2{,}93\cdot\tan 72{,}4°$$

$$\overline{DE} = \underline{9{,}24\text{ cm}}$$

Tangens im Dreieck DEC

Berechnung von $\overline{AD}$:

$$\overline{AD} = \overline{AC} - \overline{CD} = 4{,}5 - 2{,}93 = \underline{1{,}57\text{ cm}}$$

Berechnung von $\overline{AE}$:

$$\overline{AE}^2 = \overline{DE}^2 + \overline{AD}^2$$

$$\overline{AE}^2 = 9{,}24^2 + 1{,}57^2 \quad |\sqrt{\ }$$

$$\overline{AE} = \underline{\underline{9{,}4\text{ cm}}}$$

Satz des Pythagoras im Dreieck AED

---

63 Skizze:

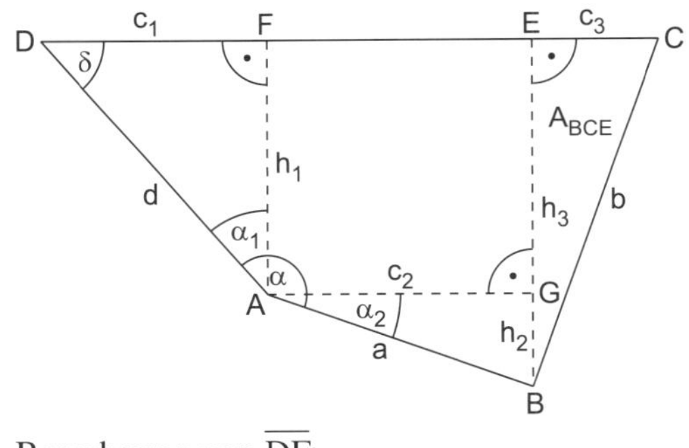

Zeichne weitere Höhen und Hilfslinien ein, um rechtwinklige Teildreiecke zu erzeugen. Benenne die Punkte sinnvoll.

Berechnung von $\overline{DF}$:

$$\cos\delta = \frac{\overline{DF}}{\overline{AD}} \quad |\cdot\overline{AD}$$

$$\overline{DF} = \overline{AD}\cdot\cos\delta$$

$$\overline{DF} = 5{,}7\cdot\cos 48{,}0°$$

$$\overline{DF} = \underline{3{,}81\text{ cm}}$$

Kosinus im Dreieck AFD

Hinweise und Tipps

Berechnung von $\overline{AF}$:

$\sin\delta = \frac{\overline{AF}}{\overline{AD}} \quad |\cdot\overline{AD}$ — Sinus im Dreieck AFD

$\overline{AF} = \overline{AD}\cdot\sin\delta$

$\overline{AF} = 5,7\cdot\sin 48,0°$

$\overline{AF} = \underline{\underline{4,24\text{ cm}}}$

Berechnung von α_1:

$\alpha_1 = 180° - 90° - \delta = 90° - 48,0° = \underline{\underline{42,0°}}$ — Winkelsumme im Dreieck AFD

Berechnung von α_2:

$\alpha_2 = \alpha - 90° - \alpha_1 = 151,0° - 90° - 42,0° = \underline{\underline{19,0°}}$

Berechnung von $\overline{AG}$:

$\cos\alpha_2 = \frac{\overline{AG}}{a} \quad |\cdot a$ — Kosinus im Dreieck ABG

$\overline{AG} = a\cdot\cos\alpha_2$

$\overline{AG} = 4,6\cdot\cos 19,0°$

$\overline{AG} = \underline{\underline{4,35\text{ cm}}}$

Berechnung von $\overline{BG}$:

$\sin\alpha_2 = \frac{\overline{BG}}{\overline{AB}} \quad |\cdot\overline{AB}$ — Sinus im Dreieck ABG

$\overline{BG} = \overline{AB}\cdot\sin\alpha_2$

$\overline{BG} = 4,6\cdot\sin 19,0°$

$\overline{BG} = \underline{\underline{1,50\text{ cm}}}$

Berechnung von $\overline{BE}$:

$\overline{BE} = \overline{BG} + \overline{GE} = \overline{BG} + \overline{AF} = 1,50 + 4,24 = \underline{\underline{5,74\text{ cm}}}$ — Addition der beiden Teilstrecken

Berechnung von $\overline{CE}$:

$A_{BCE} = \frac{1}{2}\cdot\overline{CE}\cdot\overline{BE} \quad \left|\cdot\frac{2}{\overline{BE}}\right.$ — Flächenformel im Teildreieck BCE

$\overline{CE} = \frac{2\cdot A_{BCE}}{\overline{BE}}$ — Umformen nach $\overline{CE}$

$\overline{CE} = \frac{2\cdot 3,4}{5,74}$

$\overline{CE} = \underline{\underline{1,18\text{ cm}}}$

Berechnung von $\overline{BC}$:

$\overline{BC}^2 = \overline{CE}^2 + \overline{BE}^2$ — Satz des Pythagoras im Dreieck BCE

$\overline{BC}^2 = 1,18^2 + 5,74^2 \quad |\sqrt{\ }$

$\overline{BC} = \underline{\underline{5,86\text{ cm}}}$

Berechnung von Umfang u:

$u = \overline{AB} + \overline{BC} + \overline{DF} + \overline{AG} + \overline{CE} + \overline{AD}$

$u = 4,6 + 5,86 + 3,81 + 4,35 + 1,18 + 5,7$

$u = \underline{\underline{25,5\text{ cm}}}$

Hinweise und Tipps

64

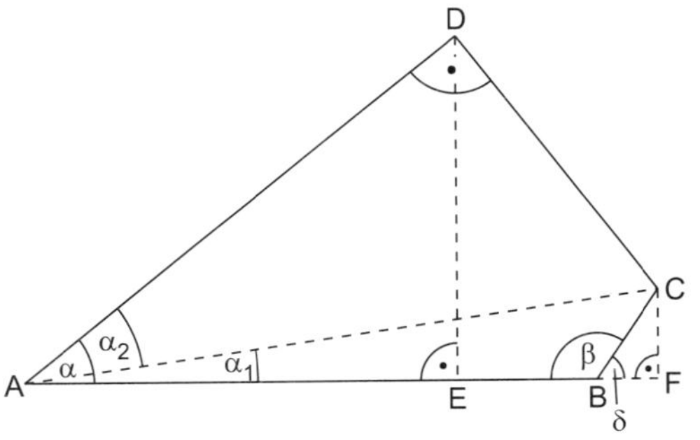

Berechnung von δ:
$\delta = 180° - \beta = 180° - 132{,}6° = \underline{47{,}4°}$ — Nebenwinkel

Berechnung von $\overline{CF}$: — Sinus im Dreieck BFC

$\sin\delta = \frac{\overline{CF}}{\overline{BC}} \quad | \cdot \overline{BC}$

$\overline{CF} = \overline{BC} \cdot \sin\delta$

$\overline{CF} = 3{,}1 \cdot \sin 47{,}4°$

$\overline{CF} = \underline{2{,}28\text{ cm}}$

Berechnung von $\overline{BF}$: — Kosinus im Dreieck BFC

$\cos\delta = \frac{\overline{BF}}{\overline{BC}} \quad | \cdot \overline{BC}$

$\overline{BF} = \overline{BC} \cdot \cos\delta$

$\overline{BF} = 3{,}1 \cdot \cos 47{,}4°$

$\overline{BF} = \underline{2{,}10\text{ cm}}$

Berechnung von $\overline{AC}$: — Satz des Pythagoras im Dreieck AFC

$\overline{AC}^2 = \overline{AF}^2 + \overline{CF}^2$

$\overline{AC}^2 = (\overline{AB} + \overline{BF})^2 + \overline{CF}^2$

$\overline{AC}^2 = (7{,}8 + 2{,}10)^2 + 2{,}28^2$

$\overline{AC}^2 = 9{,}9^2 + 2{,}28^2 \quad | \sqrt{\ }$

$\overline{AC} = \underline{10{,}16\text{ cm}}$

Berechnung von α_1: — Tangens im Dreieck AFC

$\tan\alpha_1 = \frac{\overline{CF}}{\overline{AF}}$

$\tan\alpha_1 = \frac{2{,}28}{9{,}90}$

$\alpha_1 = \underline{13{,}0°}$

Berechnung von α_2:
$\alpha_2 = \alpha - \alpha_1 = 51{,}8° - 13{,}0° = \underline{38{,}8°}$

Berechnung von $\overline{AD}$: — Kosinus im Dreieck ACD

$\cos\alpha_2 = \frac{\overline{AD}}{\overline{AC}} \quad | \cdot \overline{AC}$

$\overline{AD} = \overline{AC} \cdot \cos\alpha_2$

$\overline{AD} = 10{,}16 \cdot \cos 38{,}8°$

$\overline{AD} = \underline{7{,}92\text{ cm}}$

Hinweise und Tipps

Berechnung des Abstands $\overline{DE}$ des Punkts D von $\overline{AB}$:

$$\sin\alpha = \frac{\overline{DE}}{\overline{AD}} \quad \Big| \cdot \overline{AD}$$

Sinus im Dreieck AED

$$\overline{DE} = \overline{AD}\cdot\sin\alpha$$
$$\overline{DE} = 7{,}92\cdot\sin 51{,}8°$$
$$\overline{DE} = \underline{\underline{6{,}2\text{ cm}}}$$

---

65 Berechnung von Seitenlänge a:

$$u = 3a \quad \Big| : 3$$
$$a = \frac{u}{3}$$
$$a = \frac{14{,}7}{3}$$
$$a = \underline{4{,}9\text{ cm}}$$

Berechnung von Flächeninhalt A:

$$A = \frac{a^2}{4}\sqrt{3} = \frac{4{,}9^2}{4}\cdot\sqrt{3} = \underline{\underline{10{,}4\text{ cm}^2}}$$

---

66 Berechnung von a:

$$A = \frac{a^2}{4}\sqrt{3} \quad \Big| \cdot\frac{4}{\sqrt{3}}$$

Wie in vielen Aufgaben muss hier „rückwärts gerechnet“, also die Formel umgestellt werden.

$$a^2 = \frac{4\cdot A}{\sqrt{3}}$$
$$a^2 = \frac{4\cdot 22{,}5}{\sqrt{3}} \quad \Big| \sqrt{\ }$$
$$a = \underline{7{,}21\text{ cm}}$$

Ist die doppelte Wurzel, die hier beim Umformen entsteht, zu verwirrend, kann man natürlich auch vorher einsetzen und Zahlen verrechnen. Diese Zwischenergebnisse innerhalb einer Rechnung sollte man dann aber mit 3 Nachkommastellen angeben, da das Ergebnis sonst ungenau wird.

Berechnung von u:

$$u = 3\cdot a = 3\cdot 7{,}21 = \underline{\underline{21{,}6\text{ cm}}}$$

---

67 Berechnung der Höhe h_b:

$$\sin\gamma = \frac{h_b}{\overline{BC}} \quad \Big| \cdot\overline{BC}$$

Skizze:

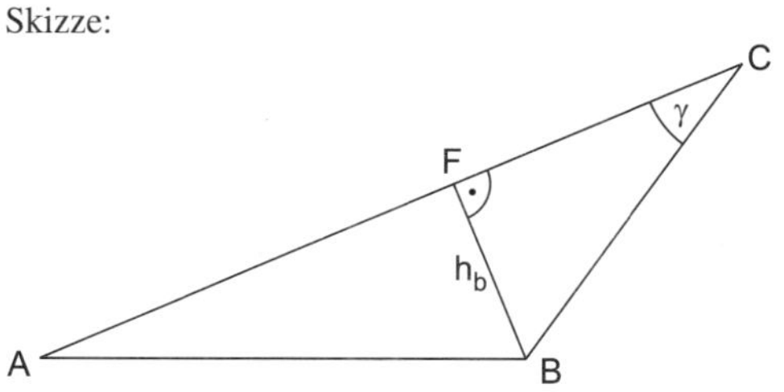

$$h_b = \overline{BC}\cdot\sin\gamma$$
$$h_b = 3{,}0\cdot\sin 31°$$
$$h_b = \underline{1{,}55\text{ cm}}$$

Berechnung von $\overline{CF}$:

$$\tan\gamma = \frac{h_b}{\overline{CF}} \quad \Big| \cdot\frac{\overline{CF}}{\tan\gamma}$$

Hier gibt es viele verschiedene Lösungsmöglichkeiten. In diesem Schritt könnte man $\overline{CF}$ z. B. auch mit dem Satz des Pythagoras berechnen. Dadurch entstehen mitunter kleine Abweichungen in den Ergebnissen, die aber normal sind.

$$\overline{CF} = \frac{h_b}{\tan\gamma}$$
$$\overline{CF} = \frac{1{,}55}{\tan 31°}$$
$$\overline{CF} = \underline{2{,}58\text{ cm}}$$

Hinweise und Tipps

Berechnung von $\overline{AF}$:

$\overline{AB}^2 = h_b^2 + \overline{AF}^2 \quad | -h_b^2$

$\overline{AF}^2 = \overline{AB}^2 - h_b^2$

$\overline{AF}^2 = 4{,}0^2 - 1{,}55^2 \quad | \sqrt{\ }$

$\overline{AF} = \underline{3{,}69\text{ cm}}$

Berechnung von $\overline{AC}$:

$\overline{AC} = \overline{CF} + \overline{AF} = 2{,}58 + 3{,}69 = \underline{6{,}27\text{ cm}}$

Berechnung des Umfangs:

$u = \overline{AB} + \overline{BC} + \overline{AC} = 4{,}0 + 3{,}0 + 6{,}27 = 13{,}27 = \underline{\underline{13{,}3\text{ cm}}}$

Berechnung des Flächeninhalts:

$A = \frac{1}{2} \cdot \overline{AC} \cdot h_b$

$A = \frac{1}{2} \cdot 6{,}27 \cdot 1{,}55$

$A = \underline{\underline{4{,}9\text{ cm}^2}}$

---

68 Skizze:

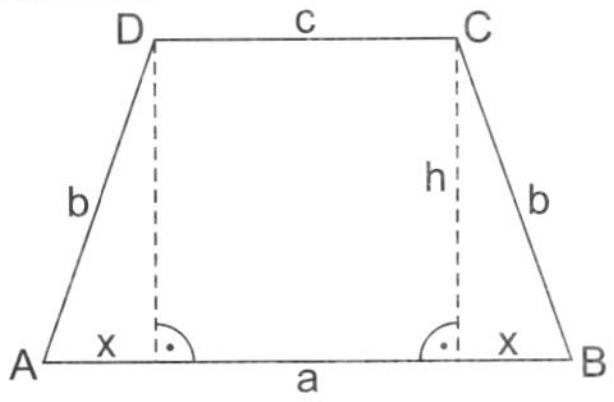

Berechnung des Umfangs u:

$u = a + 2 \cdot b + c$

$u = 11 + 2 \cdot 5{,}7 + 6$

$u = \underline{\underline{28{,}4\text{ cm}}}$

Berechnung von Teilstrecke x:

$x = \frac{a-c}{2} = \frac{11-6}{2} = \underline{2{,}5\text{ cm}}$

Berechnung der Höhe h:

$b^2 = h^2 + x^2 \quad | -x^2$

$h^2 = b^2 - x^2$

$h^2 = 5{,}7^2 - 2{,}5^2 \quad | \sqrt{\ }$

$h = \underline{5{,}12\text{ cm}}$

Berechnung des Flächeninhalts A:

$A = \frac{1}{2}(a+c) \cdot h$

$A = \frac{1}{2} \cdot (11+6) \cdot 5{,}12$

$A = \underline{\underline{43{,}5\text{ cm}^2}}$

Hinweise und Tipps

69 Berechnung von Seite b:

$A = a \cdot b \quad |:a$

$b = \frac{A}{a}$

$b = \frac{50}{12{,}5}$

$b = \underline{4{,}00\text{ cm}}$

Berechnung des Umfangs u:

$u = 2a + 2b = 2 \cdot 12{,}5\text{ cm} + 2 \cdot 4\text{ cm} = \underline{\underline{33{,}0\text{ cm}}}$

Lösungsweg: $a, A \xrightarrow{A = a \cdot b} b \xrightarrow{u = 2a + 2b} u$

---

70 Berechnung von Seitenlänge a:

$u = 4a \quad |:4$

$a = \frac{u}{4}$

$a = \frac{29{,}2}{4}$

$a = \underline{7{,}3\text{ cm}}$

Berechnung von h_a:

$A = a \cdot h_a \quad |:a$

$h_a = \frac{A}{a}$

$h_a = \frac{40}{7{,}3}$

$h_a = \underline{5{,}48\text{ cm}}$

Berechnung von α:

$\sin\alpha = \frac{h_a}{a}$

$\sin\alpha = \frac{5{,}48}{7{,}3}$

$\alpha = \underline{\underline{48{,}6°}}$

Berechnung von β:

$2\alpha + 2\beta = 360° \quad |:2$

$\alpha + \beta = 180° \quad |-\alpha$

$\beta = 180° - \alpha$

$\beta = 180° - 48{,}6°$

$\beta = \underline{\underline{131{,}4°}}$

Skizze:

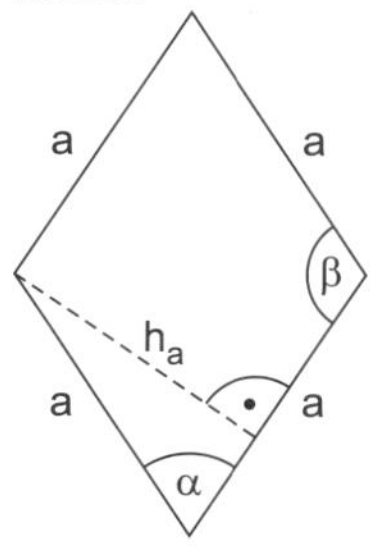

Beachte die Einheiten:
0,4 dm^2 aus der Angabe müssen hier in 40 cm^2 umgerechnet werden.

Innenwinkelsumme in der Raute

---

71 Für die Länge a und Breite b eines Bildschirms im Seitenverhältnis 16 : 9 gilt:

$\frac{a}{b} = \frac{16}{9} \quad |\cdot b$

$a = \underline{\frac{16}{9}b}$

Hier muss man a durch einen Ausdruck von b ersetzen. Das Vorgehen entspricht dem Einsetzungsverfahren (siehe Kapitel 2.2 Lineare Gleichungssysteme).

Hinweise und Tipps

Umrechnung der Bildschirmdiagonale d in Zentimeter:
$d = 20'' = 20 \cdot 2{,}54\text{ cm} = \underline{50{,}80\text{ cm}}$

Berechnung von b:

$$d^2 = a^2 + b^2 \qquad \Big| \; a = \frac{16}{9}b$$

$$d^2 = \left(\frac{16}{9}b\right)^2 + b^2$$

$$d^2 = \frac{256}{81}b^2 + b^2$$

Die b^2 müssen zusammengezählt werden. Dazu schreibt man $1b^2$ als $\frac{81}{81}b^2$ und addiert es zu $\frac{256}{81}b^2$.

$$d^2 = \frac{256}{81}b^2 + \frac{81}{81}b^2 \qquad |\; \text{ZF}$$

$$d^2 = \frac{337}{81}b^2 \qquad \Big| \cdot \frac{81}{337}$$

$$b^2 = \frac{81}{337}d^2$$

$$b^2 = \frac{81}{337} \cdot 50{,}80^2 \qquad |\sqrt{}$$

$$b = \sqrt{\frac{81}{337}} \cdot 50{,}80$$

$$b = \underline{24{,}91\text{ cm}}$$

Wurzel und Quadrat heben sich auf:
$\sqrt{50{,}80^2} = 50{,}80$

Berechnung von a:

$$a = \frac{16}{9}b = \frac{16}{9} \cdot 24{,}91\text{ cm} = \underline{44{,}28\text{ cm}}$$

Berechnung der Bildfläche:

$$A = a \cdot b$$
$$A = 44{,}28\text{ cm} \cdot 24{,}91\text{ cm}$$
$$A = \underline{\underline{1\,103{,}0\text{ cm}^2}}\ (= 0{,}1\text{ m}^2)$$

Die Angabe in dm^2 oder m^2 ergibt hier in Bezug auf den Bildschirm nicht wirklich Sinn – die Monitorfläche kann man sich besser in Mengen von cm^2-Kästchen vorstellen.

---

72 Skizze (Ausschnitt):

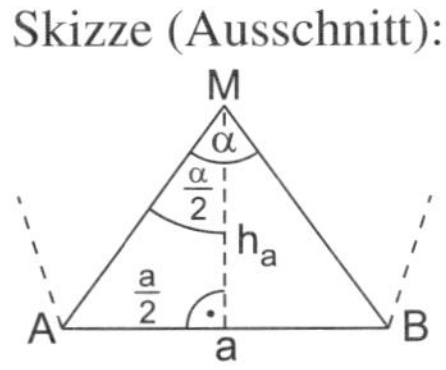

Berechnung des Umfangs:
$u = n \cdot a = 12 \cdot 6\text{ cm} = \underline{\underline{72\text{ cm}}}$

Berechnung von Mittelpunktswinkel α und von $\frac{\alpha}{2}$:

$$\alpha = \frac{360°}{n} = \frac{360°}{12} = \underline{30°} \quad \Rightarrow \quad \frac{\alpha}{2} = \underline{15°}$$

Berechnung der Höhe h_a:

$$\tan\frac{\alpha}{2} = \frac{\frac{a}{2}}{h_a} \qquad |\cdot h_a \quad |: \tan\frac{\alpha}{2}$$

$$h_a = \frac{\frac{a}{2}}{\tan\frac{\alpha}{2}}$$

Hinweise und Tipps

$$h_a = \frac{\frac{6}{2}}{\tan 15°}$$

$$h_a = \underline{11,20 \text{ cm}}$$

Berechnung des Flächeninhalts A:

$$A = n \cdot \frac{1}{2} a h_a$$

$$A = 12 \cdot \frac{1}{2} \cdot 6 \cdot 11,20$$

$$A = \underline{\underline{403,2 \text{ cm}^2}}$$

---

73 Berechnung von Seite a:

$$A = \frac{3a^2}{2}\sqrt{3} \qquad \left| \cdot \frac{2}{3\sqrt{3}} \right.$$

$$a^2 = \frac{2 \cdot A}{3\sqrt{3}}$$

$$a^2 = \frac{2 \cdot 72,6}{3\sqrt{3}} \qquad |\sqrt{}$$

$$a = \underline{5,29 \text{ cm}}$$

Berechnung des Umfangs:

$$u = 6 \cdot a = 6 \cdot 5,29 \text{ cm} = 31,74 = \underline{\underline{31,7 \text{ cm}}}$$

---

74 Berechnung des Flächeninhalts A des Rasenplatzes:

$$A = \pi r^2 = \pi \cdot 9^2 = \underline{254,47 \text{ m}^2}$$

Berechnung der Anzahl der benötigten Pakete: (Berechnung über Dreisatz)

$$29 \text{ m}^2 \mathrel{\hat=} 1 \text{ Paket}$$

$$1 \text{ m}^2 \mathrel{\hat=} \frac{1}{29} \text{ Paket}$$

$$254,47 \text{ m}^2 \mathrel{\hat=} \frac{1}{29} \cdot 254,47 = 9 \text{ Pakete}$$

Stückzahlen müssen auf Ganze gerundet werden.

Berechnung der Kosten:
1 Paket kostet 8,95 €.
9 Pakete kosten $\underline{\underline{80,55 \text{ €}}}$.

---

75 Berechnung von u:

Die graue Figur wird von zwei Kreisbögen und zwei gleich langen Strecken begrenzt. Die Streckenlänge ergibt sich als Differenz der beiden Radien.

$$u = b_1 + b_2 + 2(r_1 - r_2)$$

$$u = \frac{\alpha}{360°} \cdot 2\pi r_1 + \frac{\alpha}{360°} \cdot 2\pi r_2 + 2(r_1 - r_2)$$

$$u = \frac{63,6°}{360°} \cdot 2\pi \cdot 4,6 \cdot + \frac{63,6°}{360°} \cdot 2\pi \cdot 3,3 + 2 \cdot (4,6 - 3,3)$$

$$u = \underline{\underline{11,4 \text{ cm}}}$$

Hinweise und Tipps

76 Skizze:

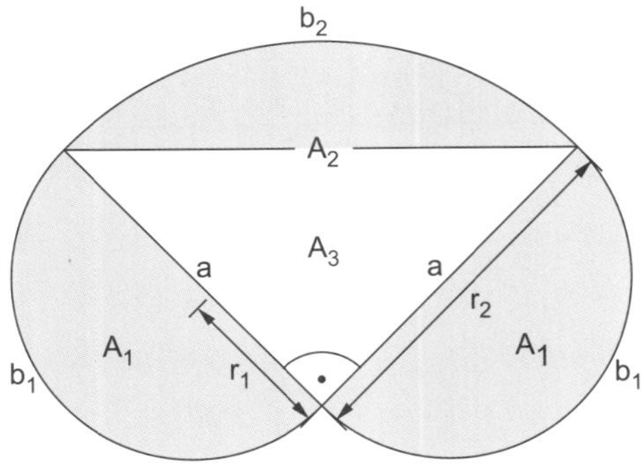

r_1 ist der Radius der Halbkreise über den Katheten.
r_2 ist der Radius des Viertelkreises, der sich aus dem Dreieck und dem oberen Kreissegment zusammensetzt.

Berechnung der Radien:

$r_1 = \frac{a}{2} = \frac{6,2}{2} = \underline{3,1\text{ cm}}$

$r_2 = a = \underline{6,2\text{ cm}}$

Berechnung des Umfangs:

$u = 2 \cdot b_1 + b_2$

$u = 2 \cdot \frac{1}{2} \cdot 2\pi r_1 + \frac{1}{4} \cdot 2\pi r_2$ — Addition der beiden Halbkreisbögen und des Viertelkreisbogens

$u = 2\pi \cdot 3,1 + \frac{1}{2}\pi \cdot 6,2$ — Kürzen und Einsetzen der Zahlen

$u = \underline{\underline{29,2\text{ cm}}}$

Berechnung des Flächeninhalts A der grauen Fläche:

$A = 2 \cdot A_1 + A_2 - A_3$ — Addition der beiden Halbkreise und des Viertelkreises, abzüglich der Dreiecksfläche

$A = 2 \cdot \frac{1}{2}\pi r_1^2 + \frac{1}{4}\pi r_2^2 - \frac{1}{2} a \cdot a$

$A = \pi \cdot 3,1^2 + \frac{1}{4}\pi \cdot 6,2^2 - \frac{1}{2} \cdot 6,2 \cdot 6,2$ — Kürzen und Einsetzen der Zahlen

$A = \underline{\underline{41,2\text{ cm}^2}}$

---

77 Berechnung der Radien r_1 bzw. r_2:

Erkennen des Umfangs und der entsprechenden Formeln
Die beiden Kreisbögen b_1 und b_2 entsprechen jeweils dem halben Umfang des zugehörigen Vollkreises mit Umfang $u = 2\pi r_{1/2}$.

$u = b_1 + b_2 + r_1$

$u = \pi r_1 + \pi r_2 + r_1 \quad | r_1 = 2r_2$

$u = \pi 2r_2 + \pi r_2 + 2r_2$

$u = 3\pi r_2 + 2r_2$

$u = r_2(3\pi + 2) \quad | : (3\pi + 2)$

$r_2 = \frac{u}{3\pi + 2}$

$r_2 = \frac{19,4}{3\pi + 2}$

$r_2 = \underline{1,70\text{ cm}}$

$\Rightarrow \quad r_1 = 2r_2 = \underline{3,40\text{ cm}}$

Hinweise und Tipps

Berechnung des Flächeninhalts A der grauen Fläche:

$A = A_{HK_1} - A_{HK_2}$

$A = \frac{1}{2}\pi r_1^2 - \frac{1}{2}\pi r_2^2$

$A = \frac{1}{2}\pi \cdot 3{,}40^2 - \frac{1}{2}\pi \cdot 1{,}70^2$

$A = \underline{\underline{13{,}6\ \text{cm}^2}}$

Der Flächeninhalt der grau gefärbten Figur ergibt sich als Differenz der Flächeninhalte des gedachten grauen Halbkreises und des weißen Halbkreises. Diese wiederum entsprechen dem halben Flächeninhalt des zugehörigen Vollkreises mit $A = \pi r_{1/2}^2$.

---

78 Berechnung des Volumens V:

$V = G \cdot h \quad | G = a^2$

$V = a^2 \cdot h$

$V = 5{,}4^2 \cdot 19{,}5$

$V = \underline{\underline{568{,}6\ \text{cm}^3}}$

Berechnung des Oberflächeninhalts O:

$O = 2G + M$

$O = 2a^2 + u \cdot h \quad | u = 4a$

$O = 2a^2 + 4a \cdot h$

$O = 2 \cdot 5{,}4^2 + 4 \cdot 5{,}4 \cdot 19{,}5$

$O = \underline{\underline{479{,}5\ \text{cm}^2}}$

---

79 Berechnung von Grundflächeninhalt G:

$V = G \cdot h \quad |:h$

$G = \frac{V}{h}$

$G = \frac{167{,}4}{9{,}1}$

$G = \underline{18{,}40\ \text{cm}^2}$

Berechnung der Grundkante a:

$G = \frac{3a^2}{2}\sqrt{3} \quad \Big| \cdot \frac{2}{3\sqrt{3}}$

$a^2 = \frac{2 \cdot G}{3\sqrt{3}}$

$a^2 = \frac{2 \cdot 18{,}40}{3\sqrt{3}} \quad |\sqrt{\ }$

$a = \underline{\underline{2{,}7\ \text{cm}}}$

Ein regelmäßiges Sechseck besteht aus 6 gleichseitigen Dreiecken.

Hinweise und Tipps

Alternative Lösungsmöglichkeit:

Berechnung der Grundkante a:

$$V = \frac{3a^2}{2}\sqrt{3}\cdot h \quad \left|\cdot \frac{2}{3\sqrt{3}\cdot h}\right.$$

$$a^2 = \frac{2\cdot V}{3\sqrt{3}\cdot h}$$

$$a^2 = \frac{2\cdot 167{,}4}{3\sqrt{3}\cdot 9{,}1} \quad |\sqrt{\ }$$

$$a = \underline{\underline{2{,}7\text{ cm}}}$$

---

80 Berechnung von Oberflächeninhalt O_1 des Ausgangsprismas:

$$O_1 = 2G + M_1$$
$$O_1 = 2a^2 + 4ah_1$$
$$O_1 = 2\cdot 4{,}4^2 + 4\cdot 4{,}4\cdot 5{,}9$$
$$O_1 = \underline{142{,}56\text{ cm}^2}$$

Berechnung von Oberflächeninhalt O_2 des zu bestimmenden Prismas:

$$O_2 = O_1\cdot q \quad \left| q = 1+\frac{p}{100} = 1+\frac{-11}{100} = 0{,}89\right.$$

Hier wird der Grundwert O_1 um 11 % vermindert. O_2 misst demnach 89 % von O_1.

$$O_2 = O_1\cdot 0{,}89$$
$$O_2 = 142{,}56\cdot 0{,}89$$
$$O_2 = \underline{126{,}88\text{ cm}^2}$$

Berechnung von Höhe h_2:

$$O_2 = 2G + M_2$$
$$O_2 = 2a^2 + 4ah_2 \quad |-2a^2$$
$$4ah_2 = O_2 - 2a^2 \quad |:(4a)$$
$$h_2 = \frac{O_2 - 2a^2}{4a}$$
$$h_2 = \frac{126{,}88 - 2\cdot 4{,}4^2}{4\cdot 4{,}4}$$
$$h_2 = \underline{\underline{5{,}0\text{ cm}}}$$

---

81 a) Berechnung des Dosenvolumens V:

$$V = \pi r^2 h \quad \left| r = \frac{d}{2} = \frac{7{,}2}{2} = 3{,}6\text{ cm}\right.$$
$$V = \pi\cdot 3{,}6^2\cdot 12{,}5$$
$$V = \underline{508{,}9\text{ cm}^3}$$

$$508{,}9\text{ cm}^3 > 500\text{ cm}^3 = 0{,}5\text{ dm}^3 = 0{,}5\ \ell$$

1 ℓ entspricht 1 dm^3. (Dieser Zusammenhang kommt auch immer wieder in der Abschlussprüfung vor.)

b) Berechnung des Prozentsatzes an ungenutztem Volumen:

$$p\,\% = \frac{W}{G} = \frac{508{,}9-500}{508{,}9} = \frac{8{,}9}{508{,}9} = 0{,}017 = \underline{\underline{1{,}7\,\%}}$$

A: Es werden 1,7 % des Volumens nicht genutzt.

Hinweise und Tipps

82 Berechnung des Hubraums V pro Zylinder:

$V = \frac{100}{2} = \underline{50\ cm^3}$

Der Hubraum verteilt sich auf 2 Zylinder.

Berechnung des Zylinderradius r:

$V = \pi r^2 h \quad |:(\pi h)$

$r^2 = \frac{V}{\pi h} \quad |\sqrt{\ }$

$r = \sqrt{\frac{50}{\pi \cdot 5}}$

$r = \underline{3{,}18\ cm}$

Berechnung des Durchmessers d:

$d = 2r = \underline{\underline{6{,}4\ cm}}$

---

83 Berechnung des Innenradius r des Glases:

$r = \frac{d}{2} = \frac{6}{2} = \underline{3\ cm}$

Skizze:

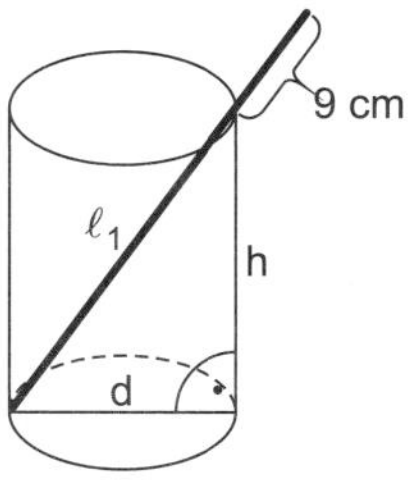

Berechnung der Innenhöhe h des Glases:

$V = \pi r^2 h \quad |:(\pi r^2)$

$h = \frac{V}{\pi r^2} \quad |V = 0{,}3\ \ell = 300\ cm^3$

$h = \frac{300}{\pi \cdot 3^2}$

$h = \underline{10{,}61\ cm}$

Berechnung der Länge ℓ_1 des Trinkhalms im Glas:

$\ell_1{}^2 = d^2 + h^2$

$\ell_1{}^2 = 6^2 + 10{,}61^2 \quad |\sqrt{\ }$

$\ell_1 = \underline{12{,}19\ cm}$

Berechnung der Länge ℓ des Trinkhalms:

$\ell = \ell_1 + 9 = 12{,}19 + 9 = \underline{\underline{21{,}2\ cm}}$

A: Der Trinkhalm hat eine Länge von ca. 21,2 cm.

---

84 Berechnung von Seite a:

$s^2 = h_S{}^2 + \left(\frac{a}{2}\right)^2 \quad |-h_S{}^2$

Satz des Pythagoras in der halben Seitenfläche

$\left(\frac{a}{2}\right)^2 = s^2 - h_S{}^2 \quad |\sqrt{\ }$

$\frac{a}{2} = \sqrt{s^2 - h_S{}^2} \quad |\cdot 2$

$a = 2\sqrt{s^2 - h_S{}^2}$

$a = 2 \cdot \sqrt{12{,}7^2 - 10^2}$

$a = \underline{15{,}66\ cm}$

Hinweise und Tipps

Berechnung von Pyramidenhöhe h:

$$h_S{}^2 = h^2 + \left(\frac{a}{2}\right)^2 \qquad \left| -\left(\frac{a}{2}\right)^2\right.$$

$$h^2 = h_S{}^2 - \left(\frac{a}{2}\right)^2$$

$$h^2 = 10^2 - \left(\frac{15{,}66}{2}\right)^2 \qquad |\sqrt{}$$

$$h = \underline{6{,}22\ \text{cm}}$$

Satz des Pythagoras im halben Parallelschnitt

Berechnung des Volumens V der Pyramide:

$$V = \frac{1}{3} \cdot G \cdot h \qquad |G = a^2$$

$$V = \frac{1}{3} \cdot a^2 \cdot h$$

$$V = \frac{1}{3} \cdot 15{,}66^2 \cdot 6{,}22$$

$$V = \underline{\underline{508{,}5\ \text{cm}^3}}$$

Berechnung des Oberflächeninhalts O der Pyramide:

$$O = G + M$$

$$O = a^2 + 4 \cdot \frac{1}{2} a h_S$$

$$O = a^2 + 2ah_S$$

$$O = 15{,}66^2 + 2 \cdot 15{,}66 \cdot 10$$

$$O = \underline{\underline{558{,}4\ \text{cm}^2}}$$

---

85 Skizze (Ausschnitt):

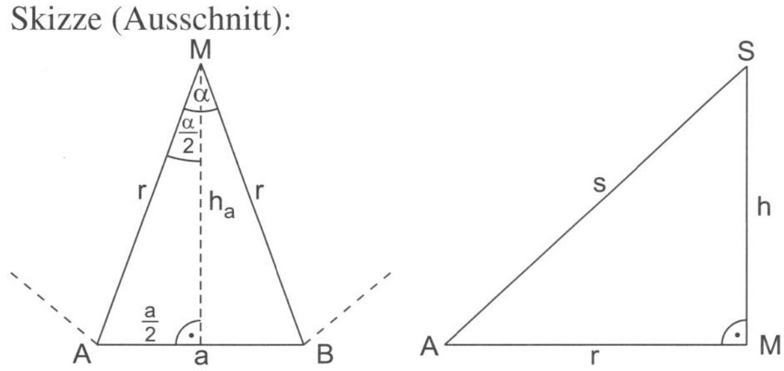

Berechnung von Mittelpunktswinkel α und von $\frac{\alpha}{2}$:

$$\alpha = \frac{360°}{n} = \frac{360°}{9} = \underline{40°}$$

$$\Rightarrow \quad \frac{\alpha}{2} = \underline{20°}$$

Berechnung von r:

$$\sin\frac{\alpha}{2} = \frac{\frac{a}{2}}{r} \qquad |\cdot r$$

$$r \cdot \sin\frac{\alpha}{2} = \frac{a}{2} \qquad \left|:\sin\frac{\alpha}{2}\right.$$

$$r = \frac{\frac{a}{2}}{\sin\frac{\alpha}{2}} \qquad \left|\frac{a}{2} = 2{,}1\right.$$

Hinweise und Tipps

$r = \frac{2,1}{\sin 20°}$

$r = \underline{6,14 \text{ cm}}$

Berechnung von Seitenkante s:

$s^2 = h^2 + r^2$

Satz des Pythagoras

$s^2 = 5,7^2 + 6,14^2 \quad |\sqrt{\ }$

$s = \underline{8,38 \text{ cm}}$

Somit beträgt die Länge ℓ aller Kanten:

$\ell = 9a + 9s = 9 \cdot 4,2 + 9 \cdot 8,38 = 113,22 \text{ cm} = \underline{\underline{113,2 \text{ cm}}}$

---

86 Berechnung von Seite r:

(Ergänzte) Skizze:

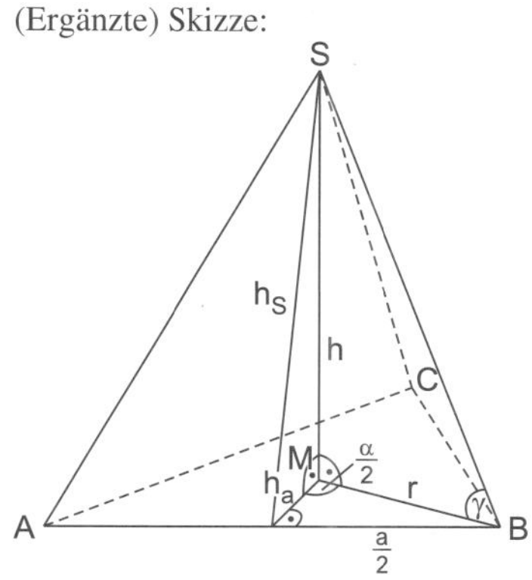

Ein gleichseitiges Dreieck ist ein regelmäßiges n-Eck mit n = 3.

$\tan\gamma = \frac{h}{r} \quad \left| \cdot \frac{r}{\tan\gamma} \right.$

$r = \frac{h}{\tan\gamma}$

$r = \frac{6,1}{\tan 70,2°}$

$r = \underline{2,20 \text{ cm}}$

Bestimmung von Mittelpunktswinkel α und von $\frac{\alpha}{2}$:

$\alpha = \frac{360°}{n} = \frac{360°}{3} = \underline{120°}$

$\Rightarrow \quad \frac{\alpha}{2} = \underline{60°}$

Berechnung von Höhe h_a auf der Grundfläche:

$\cos\frac{\alpha}{2} = \frac{h_a}{r} \quad |\cdot r$

$h_a = r \cdot \cos\frac{\alpha}{2}$

$h_a = 2,20 \cdot \cos 60°$

$h_a = \underline{1,10 \text{ cm}}$

Berechnung von Seitenkante a:

$\sin\frac{\alpha}{2} = \frac{\frac{a}{2}}{r} \quad |\cdot r$ oder: $r^2 = h_a{}^2 + \left(\frac{a}{2}\right)^2 \quad |-h_a{}^2$

$\frac{a}{2} = r \cdot \sin\frac{\alpha}{2} \quad |\cdot 2$ $\qquad \left(\frac{a}{2}\right)^2 = r^2 - h_a{}^2 \quad |\sqrt{\ }$

$a = 2 \cdot r \cdot \sin\frac{\alpha}{2}$ $\qquad \frac{a}{2} = \sqrt{r^2 - h_a{}^2} \quad |\cdot 2$

$a = 2 \cdot 2,20 \cdot \sin 60°$ $\qquad a = 2 \cdot \sqrt{2,20^2 - 1,10^2}$

$a = \underline{3,81 \text{ cm}}$ $\qquad a = \underline{3,81 \text{ cm}}$

Berechnung von Höhe h_S auf der Seitenfläche:

$h_S{}^2 = h^2 + h_a{}^2$

Satz des Pythagoras im halben Diagonalschnitt

$h_S{}^2 = 6,1^2 + 1,10^2 \quad |\sqrt{\ }$

$h_S = \underline{6,20 \text{ cm}}$

Hinweise und Tipps

Berechnung von Oberflächeninhalt O:

$O = G + M$

$O = \frac{a^2}{4}\sqrt{3} + 3 \cdot \frac{1}{2} ah_S$

$O = \frac{3{,}81^2}{4} \cdot \sqrt{3} + \frac{3}{2} \cdot 3{,}81 \cdot 6{,}20$

$O = \underline{\underline{41{,}7 \text{ cm}^2}}$

Flächenformel im gleichseitigen Dreieck:

$A = \frac{a^2}{4}\sqrt{3}$

---

87 a) Berechnung der Seitenkante s_1 von Kegel 1:

$s_1^2 = h_1^2 + r_1^2$

$s_1^2 = 5{,}6^2 + 4{,}2^2 \quad |\sqrt{\;}$

$s_1 = \underline{7{,}00 \text{ cm}}$

Satz des Pythagoras

Berechnung des Mantelflächeninhalts M_1 von Kegel 1:

$M_1 = \pi r_1 s_1 = \pi \cdot 4{,}2 \cdot 7{,}00 = \underline{\underline{29{,}4\pi \text{ cm}^2}}$

Zum exakten Vergleich eignen sich die Vielfachen von π besser.

Berechnung des Mantelflächeninhalts M_2 von Kegel 2:

$M_2 = \pi r_2 s_2 = \pi \cdot 3{,}5 \cdot 8{,}4 = \underline{\underline{29{,}4\pi \text{ cm}^2}}$

A: Die Behauptung ist richtig, denn beide Kegel haben gleich große Mantelflächen.

b) Berechnung des Volumens V_1 von Kegel 1:

$V_1 = \frac{1}{3}\pi r_1^2 h_1 = \frac{1}{3}\pi \cdot 4{,}2^2 \cdot 5{,}6 = \underline{103{,}45 \text{ cm}^3}$

Berechnung der Höhe h_2 von Kegel 2:

$s_2^2 = h_2^2 + r_2^2 \quad |-r_2^2$

$h_2^2 = s_2^2 - r_2^2$

$h_2^2 = 8{,}4^2 - 3{,}5^2 \quad |\sqrt{\;}$

$h_2 = \underline{7{,}64 \text{ cm}}$

Satz des Pythagoras

Berechnung des Volumens V_2 von Kegel 2:

$V_2 = \frac{1}{3}\pi r_2^2 h_2 = \frac{1}{3}\pi \cdot 3{,}5^2 \cdot 7{,}64 = \underline{98{,}01 \text{ cm}^3}$

Berechnung des Volumenunterschieds:

$V_1 - V_2 = 103{,}45 - 98{,}01 = \underline{5{,}44 \text{ cm}^3} < 10 \text{ cm}^3$

A: Die Behauptung ist falsch, denn die Volumina unterscheiden sich um 5,44 cm³, also um weniger als 10 cm³.

---

88 Berechnung des Oberflächeninhalts O_Z des Zylinders:

$O_Z = 2G_Z + M_Z$

$O_Z = 2\pi r^2 + 2\pi r h_Z$

$O_Z = 2\pi \cdot 3{,}8^2 + 2\pi \cdot 3{,}8 \cdot 5{,}4$

$O_Z = \underline{219{,}66 \text{ cm}^2}$

Hinweise und Tipps

Berechnung der Mantellinie s des Kegels:

$O_K = G_K + M_K$

$O_K = \pi r^2 + \pi rs \quad | -\pi r^2$

$\pi rs = O_K - \pi r^2 \quad | : \pi r$

$s = \frac{O_K - \pi r^2}{\pi r} \quad | O_K = O_Z = 219,66$

$s = \frac{219,66 - \pi \cdot 3,8^2}{\pi \cdot 3,8}$

$s = \underline{14,60 \text{ cm}}$

Berechnung der Höhe h_K des Kegels:

$s^2 = r^2 + h_K{}^2 \quad | -r^2$ — Satz des Pythagoras

$h_K{}^2 = s^2 - r^2$

$h_K{}^2 = 14,60^2 - 3,8^2 \quad | \sqrt{\ }$

$h_K = \underline{\underline{14,1 \text{ cm}}}$

---

89 Berechnung von Seitenkante s:

$s^2 = r^2 + h^2$ — Satz des Pythagoras

$s^2 = 3,6^2 + 4,2^2 \quad | \sqrt{\ }$

$s = \underline{5,53 \text{ cm}}$

Skizze:

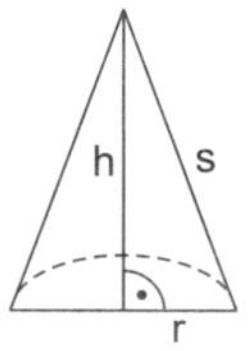

Berechnung des Oberflächeninhalts O_{alt} des ganzen Kegels:

$O_{alt} = G + M$

$O_{alt} = \pi r^2 + \pi rs$

$O_{alt} = \pi \cdot 3,6^2 + \pi \cdot 3,6 \cdot 5,53$

$O_{alt} = \underline{103,26 \text{ cm}^2}$

Berechnung des Oberflächeninhalts O_{neu} des halbierten Kegels:

Zur Oberfläche des „halben" Kegels kommt noch die Schnittfläche A_D (Dreieck mit Grundseite 2r) hinzu!

$O_{neu} = \frac{1}{2} \cdot O_{alt} + A_D$

$O_{neu} = \frac{1}{2} \cdot 103,26 + \frac{1}{2} \cdot 2r \cdot h$

$O_{neu} = \frac{1}{2} \cdot 103,26 + r \cdot h$

$O_{neu} = 51,63 + 3,6 \cdot 4,2$

$O_{neu} = \underline{66,75 \text{ cm}^2}$

Berechnung der prozentualen Veränderung:

$p = \frac{O_{alt} - O_{neu}}{O_{alt}}$

$p = \frac{103,26 - 66,75}{103,26}$

$p = 0,354$

$p\,\% = \underline{\underline{35,4\,\%}}$

A: Der Inhalt der Oberfläche verringert sich um 35,4 %.

---

90 Berechnung des Radius r:

$r = \frac{d}{2} = \frac{25}{2} = \underline{12,5 \text{ cm}}$

Hinweise und Tipps

Berechnung des Volumens V:

$V = \frac{4}{3}\pi r^3$

$V = \frac{4}{3}\pi \cdot 12{,}5^3$

$V = 8\,181{,}23\ \text{cm}^3$

$V = 8{,}18\ \text{dm}^3 = \underline{8{,}18\ \ell} \geq 5\ \ell$

A: 5 Liter Bowle passen in die Schüssel.

Hier muss zwingend in dm^3 umgewandelt werden, da dm^3 und Liter identisch sind. Außerdem verlangt die Fragestellung nach einem Antwortsatz.

---

91 Berechnung der zu streichenden Fläche A:

$A = 6 \cdot O_{Kugel}$

$A = 6 \cdot 4\pi r^2 \quad \Big|\ r = \frac{d}{2} = \underline{4\ \text{cm}}$

$A = 24 \cdot \pi \cdot 4^2$

$A = 1\,206{,}4\ \text{cm}^2 = 12{,}1\ \text{dm}^2 = \underline{\underline{0{,}1\ \text{m}^2}}$

A: Es wird Farbe für eine Fläche von ca. 0,1 m^2 benötigt.

Die zu streichende Fläche entspricht der sechsfachen Kugeloberfläche.

Der Umrechnungsfaktor bei Flächenmaßen ist 100.

---

92 Berechnung von Radius r:

$V = V_{Zylinder} - V_{Kegel}$

$V = \pi r^2 h_Z - \frac{1}{3}\pi r^2 h_K \quad |\cdot 3$

$3V = 3\pi r^2 h_Z - \pi r^2 h_K$

$3V = r^2(3\pi h_Z - \pi h_K) \quad |:(3\pi h_Z - \pi h_K)$

$r^2 = \frac{3V}{3\pi h_Z - \pi h_K}$

$r^2 = \frac{3 \cdot 114{,}7}{3\pi \cdot 5{,}2 - \pi \cdot 4{,}2} \quad |\sqrt{\ }$

$r = \underline{\underline{3{,}1\ \text{cm}}}$

Das Volumen des Restkörpers ergibt sich aus der Subtraktion der Teilvolumina.

Multiplikation mit 3 zum Entfernen des Nenners

r^2 ausklammern

Alternativ kannst du hier bereits Werte einsetzen; innerhalb der Rechnung solltest du dann maximal auf 3 Nachkommastellen runden.

---

93 Berechnung von Radius r:

$V = V_{HK} + V_{Kegel}$

$V = \frac{1}{2} \cdot \frac{4}{3}\pi r^3 + \frac{1}{3}\pi r^2 h_K \quad |\ h_K = d = 2r$

$V = \frac{2}{3}\pi r^3 + \frac{1}{3}\pi r^2 \cdot 2r$

$V = \frac{2}{3}\pi r^3 + \frac{2}{3}\pi r^3$

$V = \frac{4}{3}\pi r^3 \quad \Big|\cdot \frac{3}{4\pi}$

$r^3 = \frac{3 \cdot V}{4\pi}$

$r^3 = \frac{3 \cdot 57{,}9}{4\pi} \quad |\sqrt[3]{\ }$

$r = \underline{\underline{2{,}4\ \text{cm}}}$

Skizze:

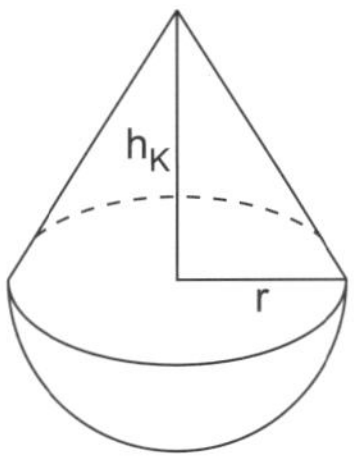

Hinweise und Tipps

94 Berechnung von Länge b:

$V = V_{Zylinder} + V_{Quader}$

$V = \pi r^2 h + a \cdot b \cdot c \qquad \Big| \; r = \frac{a}{2}$

Die beiden halben Zylinder sind gleichartig, zusammen ergeben sie einen kompletten Zylinder.

$V = \pi \left(\frac{a}{2}\right)^2 \cdot b + a \cdot b \cdot c$

$V = \frac{a^2}{4} \pi \cdot b + a \cdot b \cdot c$

Klammere b aus.

$V = b \cdot \left(\frac{a^2}{4} \pi + a \cdot c\right) \qquad \Big| \; : \left(\frac{a^2}{4} \pi + a \cdot c\right)$

Alternativ kannst du hier bereits Werte einsetzen; innerhalb der Rechnung solltest du dann maximal auf 3 Nachkommastellen runden.

$b = \frac{V}{\frac{a^2}{4} \pi + a \cdot c} \qquad \Big| \; V = 4\,000 \,\ell = 4\,000 \text{ dm}^3 = 4 \text{ m}^3$

$b = \frac{4}{\frac{1{,}0^2}{4} \pi + 1{,}0 \cdot 0{,}8}$

$b = \frac{4}{0{,}25\pi + 0{,}8}$

$b = \underline{\underline{2{,}5 \text{ m}}}$

---

95 a) Berechnung des Volumens V des Prismas:

$V = G \cdot h = \frac{a^2}{4}\sqrt{3} \cdot h = \frac{4{,}5^2}{4}\sqrt{3} \cdot 18 = \underline{\underline{157{,}83 \text{ cm}}}$

Flächeninhalt des gleichseitigen Dreiecks: $G = \frac{a^2}{4}\sqrt{3}$

b) Berechnung des zusätzlichen Volumens V_{extra} durch die beiden Kegelhälften:

$V_{extra} = V_{Kegel}$

Die beiden angefügten Kegelhälften ergeben zusammen einen ganzen Kegel.

$V_{extra} = \frac{1}{3} \pi r^2 h_{Kegel} \qquad \Big| \; r = \frac{a}{2}$

Die Höhe im Kegel ist die Höhe im gleichseitigen Dreieck auf der Grundfläche des Ausgangsprismas.

$V_{extra} = \frac{1}{3} \pi \left(\frac{a}{2}\right)^2 \cdot \frac{a}{2}\sqrt{3}$

$V_{extra} = \frac{\pi}{24} a^3 \sqrt{3}$

$V_{extra} = \frac{\pi}{24} 4{,}5^3 \sqrt{3}$

$V_{extra} = \underline{20{,}66 \text{ cm}^3}$

Berechnung des Prozentsatzes, um den sich das Volumen ändert:

$p\,\% = \frac{W}{G} = \frac{V_{extra}}{V} = \frac{20{,}66}{157{,}83} = 0{,}131 = \underline{\underline{13{,}1\,\%}}$

Hinweise und Tipps

96 Berechnung von Seite $\overline{BD}$: — Betrachte Dreieck BCD.

$$A_{BCD} = \frac{1}{2}\cdot\overline{BC}\cdot\overline{BD} \quad \Big| \cdot\frac{2}{\overline{BC}}$$

$$\overline{BD} = \frac{2\cdot A_{BCD}}{\overline{BC}}$$

$$\overline{BD} = \frac{2\cdot 13{,}5}{3{,}6}$$

$$\overline{BD} = \underline{7{,}50\text{ cm}}$$

Berechnung von Seite $\overline{BE}$: — Betrachte Dreieck BDE.

$$\cos\beta_2 = \frac{\overline{BE}}{\overline{BD}} \quad |\cdot\overline{BD}$$

$$\overline{BE} = \overline{BD}\cdot\cos\beta_2$$

$$\overline{BE} = 7{,}50\cdot\cos 35{,}4°$$

$$\overline{BE} = \underline{6{,}11\text{ cm}}$$

Berechnung von Seite $\overline{DE}$: — Betrachte Dreieck BDE.

$$\sin\beta_2 = \frac{\overline{DE}}{\overline{BD}} \quad |\cdot\overline{BD}$$

$$\overline{DE} = \overline{BD}\cdot\sin\beta_2$$

$$\overline{DE} = 7{,}50\cdot\sin 35{,}4°$$

$$\overline{DE} = \underline{4{,}34\text{ cm}}$$

Berechnung von Seite $\overline{AB}$: — Betrachte Dreieck ABE.

$$\cos\beta_1 = \frac{\overline{AB}}{\overline{BE}} \quad |\cdot\overline{BE}$$

$$\overline{AB} = \overline{BE}\cdot\cos\beta_1$$

$$\overline{AB} = 6{,}11\cdot\cos 17{,}7°$$

$$\overline{AB} = \underline{5{,}82\text{ cm}}$$

Berechnung von Seite $\overline{AE}$: — Betrachte Dreieck ABE.

$$\sin\beta_1 = \frac{\overline{AE}}{\overline{BE}} \quad |\cdot\overline{BE}$$

$$\overline{AE} = \overline{BE}\cdot\sin\beta_1$$

$$\overline{AE} = 6{,}11\cdot\sin 17{,}7°$$

$$\overline{AE} = \underline{1{,}86\text{ cm}}$$

Berechnung des Flächeninhalts A von Fünfeck ABCDE:

$$A = A_{ABE} + A_{BDE} + A_{BCD}$$

$$A = \frac{1}{2}\cdot\overline{AB}\cdot\overline{AE} + \frac{1}{2}\cdot\overline{BE}\cdot\overline{DE} + A_{BCD}$$

$$A = \frac{1}{2}\cdot 5{,}82\cdot 1{,}86 + \frac{1}{2}\cdot 6{,}11\cdot 4{,}34 + 13{,}5$$

$$A = \underline{\underline{32{,}2\text{ cm}^2}}$$

Hinweise und Tipps

97 Berechnung des Umfangs u der Grundfläche des Kegels:

$u = b$

$u = \frac{1}{4} \cdot 2\pi a$

$u = \frac{1}{2} \cdot \pi \cdot 12{,}0$

$u = \underline{18{,}85\text{ cm}}$

Der Umfang der Grundfläche des Kegels entspricht der Bogenlänge b.
Der Radius zum Bogen ist die Quadratseite a; im Kegel ist es die Seitenkante s.

Berechnung von Radius r des Kegels:

$u = 2\pi r \quad |:(2\pi)$

$r = \frac{u}{2\pi}$

$r = \frac{18{,}85}{2\pi}$

$r = \underline{3{,}00\text{ cm}}$

Berechnung von Höhe h des Kegels:

$s^2 = h^2 + r^2 \quad |-r^2$

$h^2 = s^2 - r^2$

$h^2 = 12{,}00^2 - 3{,}00^2 \quad |\sqrt{\ }$

$h = \underline{11{,}62\text{ cm}}$

Berechnung des Volumens V des Kegels:

$V = \frac{1}{3}\pi r^2 h$

$V = \frac{1}{3}\pi \cdot 3{,}0^2 \cdot 11{,}62$

$V = 109{,}52$

$V = \underline{\underline{109{,}5\text{ cm}^3}}$

---

98 Berechnung von $\overline{AD}$:

$\overline{AD} = \frac{\overline{AC}}{2} = \frac{a\sqrt{2}}{2} = \frac{6{,}0 \cdot \sqrt{2}}{2} = \underline{4{,}24\text{ cm}}$

Die Länge der Diagonale im Quadrat mit Seitenlänge a beträgt $a\sqrt{2}$.

Berechnung von Winkel α:

$\tan\alpha = \frac{\overline{DE}}{\overline{AD}} \quad |\overline{DE} = a$

$\tan\alpha = \frac{6{,}0}{4{,}24}$

$\alpha = \underline{54{,}8°}$

Betrachte das rechtwinklige Dreieck ADE.

Berechnung von $\overline{AF}$:

$\cos\frac{\alpha}{2} = \frac{\overline{AD}}{\overline{AF}} \quad \Big| \cdot \frac{\overline{AF}}{\cos\frac{\alpha}{2}}$

$\overline{AF} = \frac{\overline{AD}}{\cos\frac{\alpha}{2}}$

$\overline{AF} = \frac{4{,}24}{\cos 27{,}4°}$

$\overline{AF} = \underline{4{,}78\text{ cm}}$

Hinweise und Tipps

Berechnung von $\overline{DF}$:

$\overline{AF}^2 = \overline{AD}^2 + \overline{DF}^2 \quad |-\overline{AD}^2$

$\overline{DF}^2 = \overline{AF}^2 - \overline{AD}^2$

$\overline{DF}^2 = 4{,}78^2 - 4{,}24^2 \quad |\sqrt{\ }$

$\overline{DF} = \underline{2{,}21\text{ cm}}$

Berechnung von A:

$A_{AFE} = A_{ADE} - A_{ADF}$

$A = \frac{1}{2} \cdot \overline{AD} \cdot \overline{DE} - \frac{1}{2} \cdot \overline{AD} \cdot \overline{DF}$

$A = \frac{1}{2} \cdot 4{,}24 \cdot 6{,}0 - \frac{1}{2} \cdot 4{,}24 \cdot 2{,}21$

$A = \underline{\underline{8{,}0\text{ cm}^2}}$

---

99 Berechnung von h:

$O = 2G + M$

$O = 2a^2 + 4ah \quad |-2a^2$

$O - 2a^2 = 4ah \quad |:(4a)$

$h = \frac{O - 2a^2}{4a}$

$h = \frac{148{,}5 - 2 \cdot 4{,}5^2}{4 \cdot 4{,}5}$

$h = \underline{6{,}00}$

Berechnung des Flächeninhalts A_1 der wegfallenden Seitenflächen:

$A_1 = 2 \cdot \frac{1}{2} a \cdot h = 4{,}5 \cdot 6{,}00 = \underline{27\text{ cm}^2}$

Berechnung des Flächeninhalts A_2 der wegfallenden Grund-/Deckflächen:

$A_2 = 2 \cdot \frac{1}{8} a^2 = \frac{1}{4} \cdot 4{,}5^2 = \underline{5{,}06\text{ cm}^2}$

Die Hälfte von einem Viertel, also ein Achtel, wird je Grund-/Deckfläche entfernt.

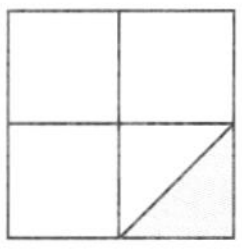

Berechnung des Flächeninhalts A_3 der hinzukommenden Schnittfläche:

$A_3 = \overline{M_1M_2} \cdot h = \frac{a}{2}\sqrt{2} \cdot h = 2{,}25\sqrt{2} \cdot 6{,}0 = \underline{19{,}09\text{ cm}^2}$

$\overline{M_1M_2}$ ist die Diagonale im (gedachten) Quadrat mit Seitenlänge $\frac{a}{2}$.

Berechnung der Oberfläche O_{neu} des beschnittenen Prismas:

$O_{neu} = O - A_1 - A_2 + A_3$

$O_{neu} = 148{,}5 - 27 - 5{,}06 + 19{,}09$

$O_{neu} = \underline{135{,}53\text{ cm}^2}$

Berechnung der prozentualen Veränderung der Oberfläche:

$q = \frac{G'}{G} = \frac{O_{neu}}{O} = \frac{135{,}53}{148{,}5} = 0{,}913 = \underline{91{,}3\ \%}$

Es handelt sich um einen verminderten Grundwert.

$\Rightarrow \quad p\ \% = 91{,}3\ \% - 100\ \% = \underline{\underline{-8{,}7\ \%}}$

A: Die Oberfläche nimmt um ca. 8,7 % ab.

Hinweise und Tipps

100 Berechnung von Volumen V des Kegels:

$$V = \frac{1}{3}\pi r^2 h$$

$$V = \frac{1}{3}\pi \cdot 3{,}00^2 \cdot 12{,}00$$

$$V = \underline{113{,}10\ \text{cm}^3}$$

Durch die Halbierung entstehen ein Kegelstumpf und ein kleinerer Kegel, beide mit einem Volumen von $V_{neu} = 56{,}55\ \text{cm}^3$. Bei diesem kleineren Kegel bezeichnen wir den Radius mit r_{neu} und die Höhe mit h_{neu} – allerdings sind diese beide Größen voneinander abhängig:

Skizze:

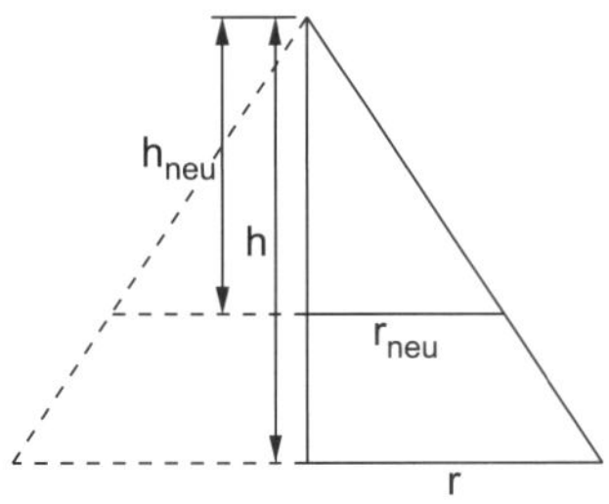

Mit dem Strahlensatz gilt:

$$\frac{r_{neu}}{h_{neu}} = \frac{r}{h}$$

Zusammen mit der Volumenformel $V_{neu} = \frac{1}{3}\pi r_{neu}{}^2 h_{neu}$ liegen damit zwei Gleichungen mit zwei Unbekannten (r_{neu} und h_{neu}) vor. Mithilfe des Einsetzungsverfahrens kann nun h_{neu} bestimmt werden.

Berechnung von h_{neu}:

(1) $\frac{r_{neu}}{h_{neu}} = \frac{r}{h} \quad | \cdot h_{neu}$

(2) $V_{neu} = \frac{1}{3}\pi r_{neu}{}^2 h_{neu}$

(1') $r_{neu} = \frac{r}{h} \cdot h_{neu}$

(2) $V_{neu} = \frac{1}{3}\pi r_{neu}{}^2 h_{neu}$

(1') in (2):

$$V_{neu} = \frac{1}{3}\pi\left(\frac{r}{h} \cdot h_{neu}\right)^2 h_{neu}$$

$$V_{neu} = \frac{1}{3}\pi \cdot \frac{r^2}{h^2} \cdot h_{neu}{}^3 \quad | \cdot 3h^2$$

$$V_{neu} \cdot 3h^2 = \pi \cdot r^2 \cdot h_{neu}{}^3 \quad | : (\pi \cdot r^2)$$

$$h_{neu}{}^3 = \frac{V_{neu} \cdot 3h^2}{\pi \cdot r^2}$$

$$h_{neu}{}^3 = \frac{56{,}55 \cdot 3 \cdot 12^2}{\pi \cdot 3^2} \quad | \sqrt[3]{\ }$$

$$h_{neu} = \underline{\underline{9{,}5\ \text{cm}}}$$

A: Der neue Kegel hat eine Höhe von 9,5 cm.

5 Einheitskreis und Sinusfunktion

Hinweise und Tipps

101 $\sin 36° = \sin \boxed{144°}$

$\sin 270° = \boxed{-1}$

$\sin \boxed{207°} = \sin 333°$

$\sin 5° = -\sin \boxed{355°}$ *oder:* $\sin 5° = -\sin \boxed{185°}$

$\sin(27° + \boxed{63°}) = 1$

Hinweise und Tipps:

$180° - 36° = 144°$
Beide Winkel sind 54° von 90° entfernt.

$540° - 207° = 333°$
Beide Winkel sind 63° von 270° entfernt.

$360° - 5° = 355°$
Beide Winkel sind 5° von 0° bzw. 360° entfernt.
oder:
Wegen $540° - 355° = 185°$ gilt:
$\sin 185° = \sin 355°$
Also gilt auch: $\sin 5° = -\sin 355° = -\sin 185°$

$90° - 27° = 63°$
Der Sinuswert 1 kommt nur bei 90° vor.

---

102 30° liegt im I. Quadranten; der Sinuswert ist positiv.

111° liegt im II. Quadranten; der Sinuswert ist positiv.

189° liegt im III. Quadranten; der Sinuswert ist negativ.

260° liegt im III. Quadranten; der Sinuswert ist negativ.

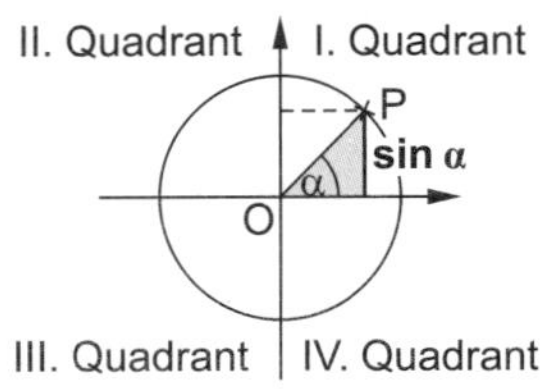

103

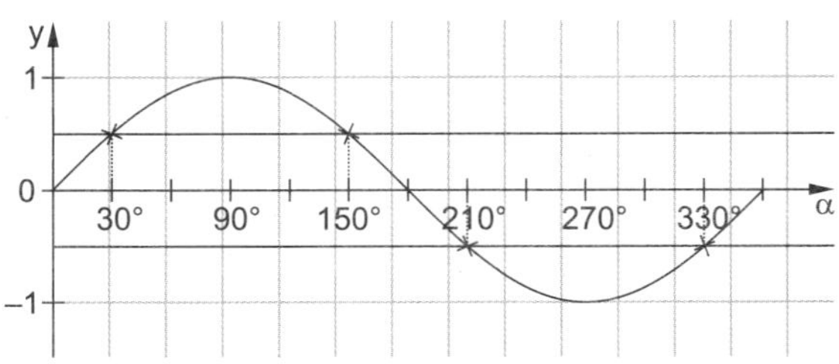

Die Winkel 30° und 150° haben den Sinuswert 0,5,
die Winkel 210° und 330° haben den Sinuswert –0,5.
Es gelten demnach folgende Gleichungen:

$\sin 30° = \sin 150°$
$\sin 210° = \sin 330°$
$\sin 30° = -\sin 210°$
$\sin 30° = -\sin 330°$
$\sin 150° = -\sin 210°$
$\sin 150° = -\sin 330°$

Zeichne jeweils eine Horizontale bei 0,5 und –0,5 ein. An den Stellen, an denen die Horizontale die Sinuskurve schneidet, können die zugehörigen Winkel abgelesen werden. (Verwende die gerade Seite der Zeichenschablone, um die Skalierung der Rechtsachse einzutragen.)

Alternativ:
Ein Seitenverhältnis von $\frac{1}{2}$ bzw. 1 : 2, also mit einer Hypotenuse, die doppelt so lang wie eine der Katheten ist, tritt im halbierten gleichseitigen Dreieck auf. Der zugehörige Sinuswinkel ist 30°. Über die Symmetrien der Sinusfunktion ergeben sich weitere Winkel mit gleichem Sinuswert.

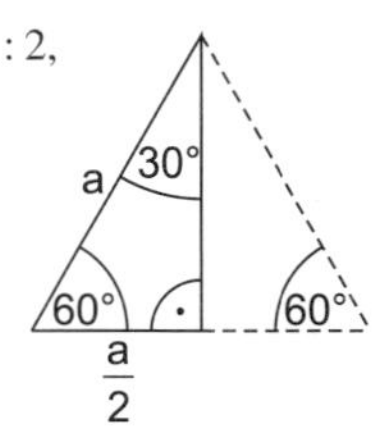

104

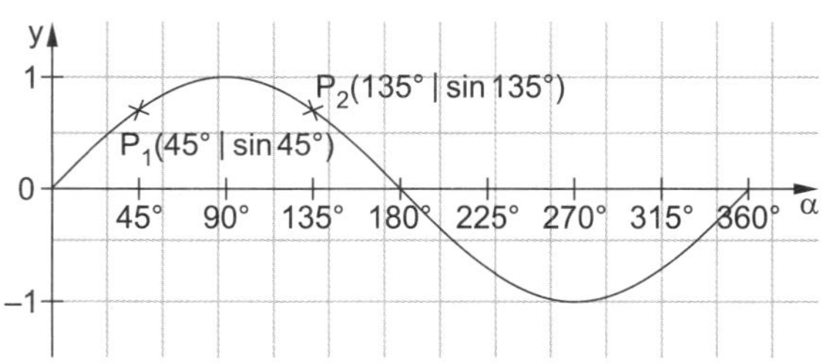

Es gibt zwei Punkte $P_1(45° \mid \sin 45°)$ und $P_2(135° \mid \sin 135°)$ mit dem Sinuswert $\sin 135°$, denn wegen $180° - 135° = 45°$ gilt: $\sin 135° = \sin 45°$. (Laut Aufgabenstellung muss lediglich einer dieser beiden Punkte angegeben werden.)

Die gegebene Sinuskurve bzw. die Sinuskurve auf einer Zeichenschablone ist im Intervall $0° \le \alpha \le 360°$ genau 2 cm hoch und 2π cm breit, also ca. 6,3 cm.

Die Sinuskurve schneidet die horizontale Achse bei 0°, 180° und 360°. Bei 90° und bei 270° erreicht sie den maximalen bzw. minimalen Wert von 1 bzw. –1.

Bei einer Einteilung in Schritten von 45° liegen alle Markierungsstriche zwischen 0° und 360° gleich weit auseinander.

$\sin 135° = \sin(90° + 45°) = \sin(90° - 45°) = \sin 45°$

6 Regelmäßige Folgen – Muster

Hinweise und Tipps

105 a) **Zeichnerische Bestimmung:**

Man benötigt also $6 \cdot 7 = 42$ Plättchen.

Emma hat nicht recht.

Alternativ:

Rekursive Bestimmung:

(1) 2 Plättchen
(2) 6 Plättchen
(3) 12 Plättchen
(4) 20 Plättchen
…

+4 **+6** **+8**

Bildungsgesetz:
Der Zuwachs beginnt bei 4 und erhöht sich mit jedem Schritt um 2.

Für das 6. Muster ergibt sich eine Anzahl von $2+4+6+8+10+12=42$ Plättchen.

Emma hat nicht recht.

Alternativ:

Explizite Bestimmung:
Bezogen auf die Position (n) liegen (n) Plättchen pro Spalte und (n + 1) pro Zeile. Mit der Rechtecksformel kann man die Anzahl der Plättchen bestimmen mit $s = n(n+1)$.

Für das 6. Muster, also $n = 6$, ergibt sich eine Anzahl von $s = 6(6+1) = 6 \cdot 7 = 42$ Plättchen.

Emma hat nicht recht.

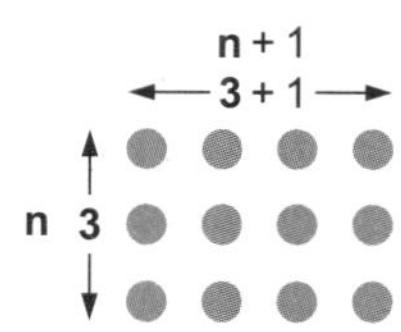

(3)

b) Hat man Teilaufgabe a explizit gelöst, braucht man nur die Klammer des Terms aufzulösen und hat bereits die Lösung: $s = n(n+1) = n^2 + n$

Alternativ:

Lösung durch Probieren:

n	n^2+1	$3(n-1)$	n^2+n
1	2 ✓	0 ×	2 ✓
2	5 ×		6 ✓
3			12 ✓

Beim Probieren kann man an sich nach der dritten Berechnung (von links) aufhören. Da die ersten beiden Formeln falsche Werte liefern, kann nur die dritte die richtige Lösung sein. Es ist in der Angabe ja festgelegt, dass eine der Formeln korrekt ist!

Da die ersten beiden Formeln falsche Werte liefern, kann nur die dritte richtig sein.

Hinweise und Tipps

106 **Rekursive Bestimmung:**

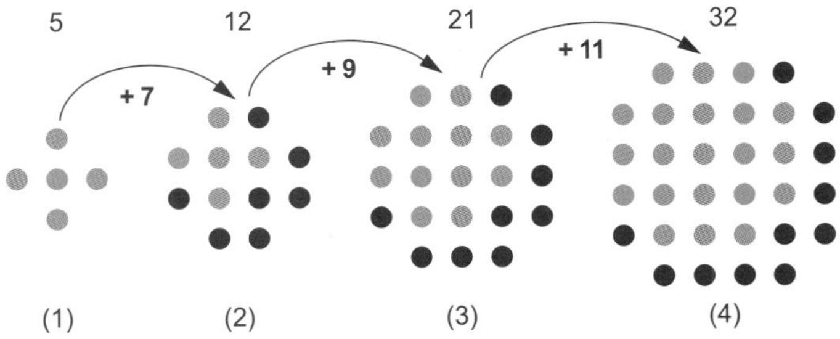

Bildungsgesetz:
Der Zuwachs beginnt bei 7 und erhöht sich mit jedem Schritt um 2.

Bestimmung der Punkte von Figur (11):
$5+7+9+11+13+15+17+19+21+23+25=165$

Alternative:

Explizite Bestimmung:

- In der Mitte des Kreuzes befindet sich jeweils ein Quadrat (siehe grau markierte Fläche in der Skizze rechts).
- Figur (4) besteht demnach aus 4^2 Punkten in der Mitte und $4 \cdot 4$ Punkten am Rand.
- Figur (n) besteht demnach aus n^2 Punkten in der Mitte und $4 \cdot n$ Punkten am Rand. Somit ergibt sich für (n) der Term: $s=n^2+4 \cdot n$

Bestimmung der Punkte von Figur (11):
$s=n^2+4 \cdot n=11^2+4 \cdot 11=121+44=165$

Die Punkte bilden jeweils ein Kreuz.

- Die Seitenlänge des Kreuzes wird jeweils um einen Punkt erhöht.
- Von Figur (1) zu Figur (2) erhöht sich die Anzahl der Punkte um 7.
- Von Figur (2) zu Figur (3) erhöht sich die Anzahl der Punkte um 9.
- Von Figur (3) zu Figur (4) erhöht sich die Anzahl der Punkte um 11.

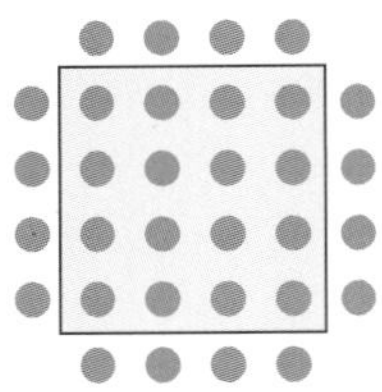

---

107 **Rekursive Bestimmung:**

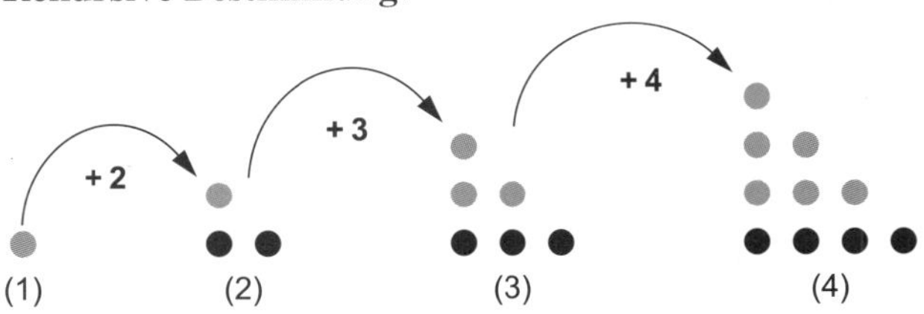

Bildungsgesetz:
Der Zuwachs beginnt bei 2 und erhöht sich mit jedem Schritt um 1.

Bestimmung der maximal legbaren Figur mit 60 Plättchen:
Figur (11): $1+2+3+4+5+6+7+8+9+10+11=66>60$
Figur (10): $66-11=55$

Mit 60 Plättchen kann maximal Figur (10) mit 55 Plättchen gelegt werden. Dann sind 5 Plättchen übrig.

- Die Plättchen bilden ab Figur (2) ein Dreieck.
- Die Seitenlängen des Dreiecks werden jeweils um ein Plättchen erhöht.
- Von Figur (1) zu Figur (2) erhöht sich die Anzahl der Plättchen um 2.
- Von Figur (2) zu Figur (3) erhöht sich die Anzahl der Plättchen um 3.
- Von Figur (3) zu Figur (4) erhöht sich die Anzahl der Plättchen um 4.

Schätze, für welches n Figur (n) 60 Plättchen haben könnte, und berechne die tatsächliche Anzahl. Liegst du zu hoch, fahre mit einer Vorgängerfigur fort, sonst mit einer Nachfolgerfigur.

---

108 a) Das erste Muster besteht aus 5, das zweite Muster aus 10, das dritte aus 15 Stäbchen. Es ist immer das Fünffache der Position (n), also kann man die Anzahl der Stäbchen mit dem Term $s=5n$ berechnen.

b) Für die 20. Figur ($n=20$) braucht man gemäß Teilaufgabe a $s=5n=5 \cdot 20=100$ Stäbchen.

Da ein Term zur Berechnung der Anzahl gesucht ist, ist hier die explizite Bestimmung anzuwenden.

109 **Rekursive Bestimmung:**

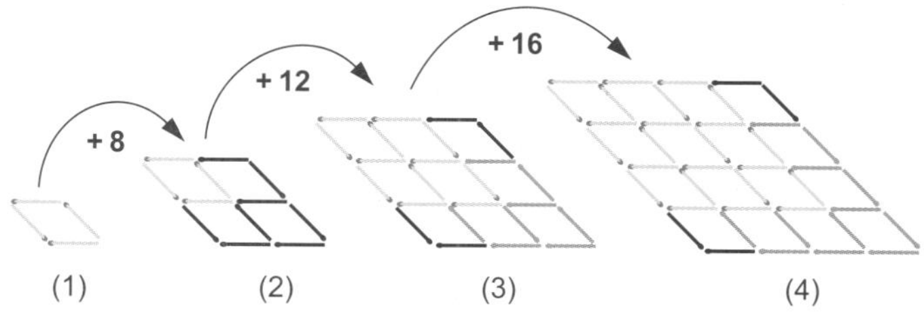

Bildungsgesetz:
Der Zuwachs beginnt bei 8 und erhöht sich mit jedem Schritt um 4.

Berechnung der Streichhölzer von Figur (15):
$4+8+12+16+20+24+28+32+36+40+44+48+52+56+60=480$

Für Figur (15) werden 480 Streichhölzer benötigt.

b) **Lösung durch Probieren:**

n	s = 2n(n + 1)	s = 2(n + 1)	s = n(n + 2)	s = n² + 3n
1	4 ✓	4 ✓	3 ×	4 ✓
2	12 ✓	6 ×		10 ×
3	24 ✓			
4	40 ✓			

Da alle anderen Terme falsche Werte liefern, lautet der korrekte Term $s = 2n(n+1)$.

Alternative:

Explizite Bestimmung:

- Die waagrecht liegenden Streichhölzer liegen in (n + 1) Reihen mit je n Streichhölzern und ihre Anzahl entspricht: $n(n+1)$
- Entsprechend liegen die schrägen Streichhölzer in (n + 1) Spalten mit je n Streichhölzern und ihre Anzahl beträgt ebenfalls: $n(n+1)$

Also gibt folgender Term die Anzahl der Streichhölzer von Figur (n) an:
$s = n(n+1) + n(n+1) = 2n(n+1)$

Hinweise und Tipps

Die dunkelgrauen Hölzer entsprechen dem vorherigen Zuwachs. Die 4 schwarzen Hölzer zeigen, dass sich der Zuwachs in jedem Schritt um 4 erhöht.

- Aus den Streichhölzern wird jeweils eine Raute gelegt.
- Die Seitenlängen der Raute wachsen mit jeder Figur jeweils um ein Streichholz an.
- Von Figur (1) zu Figur (2) erhöht sich die Anzahl der Streichhölzer um 8.
- Von Figur (2) zu Figur (3) erhöht sich die Anzahl der Streichhölzer um 8 + 4 = 12.
- Von Figur (3) zu Figur (4) erhöht sich die Anzahl der Streichhölzer um 12 + 4 = 16.

7 Sachrechnen

110 a) Geg.: G = 2 623 €; p_1 % = 37 % = 0,37; p_2 % = 15 % = 0,15
Ges.: W_1; W_2

Berechnung der Prozentwerte W_1 und W_2:

$W_1 = G \cdot p_1\,\% = 2\,623 \cdot 0{,}37 = \underline{\underline{970{,}51\ €}}$

$W_2 = G \cdot p_2\,\% = 2\,623 \cdot 0{,}15 = \underline{\underline{393{,}45\ €}}$

A: Im Schnitt gab ein Deutscher 2021 für Wohnen und Energie 970,51 € und für Nahrung, Getränke und Tabakwaren 393,45 € aus.

b) Geg.: W = 387 €; p % = 15,4 %
Ges.: G

Berechnung des Grundwerts G:

$$G = \frac{W}{p\,\%} = \frac{387}{0{,}154} = \underline{2\,512{,}99\ €}$$

A: Die privaten Konsumausgaben haben sich um mehr als 110 € erhöht.

Hinweise und Tipps

Es sind zwei Rechnungen nötig. Der Grundwert ist gleich, der Prozentsatz aber verschieden. Deshalb sind die p indiziert.

Zur Berechnung der Prozentwerte ist p % in einen Bruch oder in eine Dezimalzahl umzuwandeln. Die Umrechnung $p\,\% = \frac{p}{100}$ kann wie hier im Geg.-Abschnitt notiert oder im Kopf gemacht werden – oder man nutzt die Prozenttaste des Taschenrechners in der Rechnung. Auf keinen Fall darf stattdessen einfach das „%" weggelassen und 37 bzw. 15 eingesetzt werden!

In dieser Teilaufgabe gilt der in Teilaufgabe a verwendete Grundwert nicht mehr, da es sich um ein anderes Jahr handelt. G muss hier aus W und p berechnet werden.

Bei einem Vergleich (Aufgabenstellung) bietet sich oft die Differenz an. Hier wurde sie im Kopf gebildet, genau sind es 2 623 − 2 512,99 = 110,01 €.

---

111 a) Berechnung der einzelnen Prozentwerte:

$W_{<30} = G \cdot p_{<30}\,\% = 701\,988 \cdot 0{,}07 = \underline{49\,139}$

$W_{30-40} = G \cdot p_{30-40}\,\% = 701\,988 \cdot 0{,}29 = \underline{203\,577}$

$W_{40-50} = G \cdot p_{40-50}\,\% = 701\,988 \cdot 0{,}26 = \underline{182\,517}$

$W_{50-60} = W_{40-50} = \underline{182\,517}$

$W_{>60} = G \cdot p_{>60}\,\% = 701\,988 \cdot 0{,}11 = \underline{77\,219}$

Juri hat bei der ersten und vierten Säule Fehler gemacht:

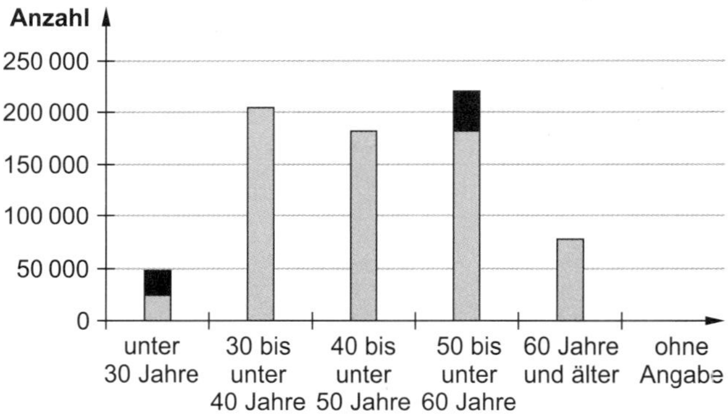

b) Berechnung der Prozentwerte anhand der in der Darstellung gegebenen Prozentsätze:

$W_{<30} = G \cdot p_{<30}\,\% = 45 \cdot 0{,}07 = \underline{\underline{3}}$

$W_{30-40} = G \cdot p_{30-40}\,\% = 45 \cdot 0{,}29 = \underline{\underline{13}}$

$W_{40-50} = G \cdot p_{40-50}\,\% = 45 \cdot 0{,}26 = \underline{\underline{12}}$

$W_{50-60} = W_{40-50} = \underline{\underline{12}}$

$W_{>60} = G \cdot p_{>60}\,\% = 45 \cdot 0{,}11 = \underline{\underline{5}}$

G kann im Diagramm abgelesen werden (Unterüberschrift).

Hier wird auf ganze Zahlen gerundet, es handelt sich schließlich um Personen. Die vielen Prozentsätze und -werte sollten zur klaren Zuordnung indiziert werden.

W_{40-50} und W_{50-60} haben den gleichen Prozentsatz und somit auch den gleichen Prozentwert. Auf eine separate Berechnung kann man verzichten.

112 a) Die Addition aller Prozentsätze ergibt:
$(53+38+20+16+15+14+13+13)\ \% = \underline{182\ \%}$

A: Es haben 82 % von 1 000 Befragten, d. h.
$1\,000 \cdot 0{,}82 = \underline{\underline{820 \text{ Personen}}}$ zweimal angekreuzt.

b) Berechnung der Anzahl Personen, die Fischgerichte lieben:
$W_{Fisch} = G \cdot p_{Fisch}\ \% = 1\,000 \cdot 0{,}16 = \underline{160}$

Berechnung der Anzahl Personen (unter den Fischgericht-Liebhabern), die Seelachs lieben:
$W_{Seelachs} = G_{Seelachs} \cdot p_{Seelachs}\ \% \quad |\, G_{Seelachs} = W_{Fisch}$
$W_{Seelachs} = 160 \cdot 0{,}201$
$W_{Seelachs} = \underline{\underline{32}}$

A: 32 der 1 000 Befragten essen am liebsten Seelachs.

Hinweise und Tipps

Auch Prozentangaben über 100 % können sinnvoll sein. Ein Beispiel zeigt diese Aufgabe.

G = 1 000; p = 82 %. Die einfache Rechnung wurde hier nicht breit ausgeführt.

Hier muss zunächst der Prozentwert für die Fischgericht-Liebhaber bestimmt werden – das Ergebnis ist gleichzeitig Grundwert für die Berechnung der Seelachs-Liebhaber. Der Prozentsatz 20,1 % bezieht sich auf die Fischgericht-Liebhaber, nicht auf die Gesamtzahl der Befragten!

---

113 a) Geg.: $G_{2020} = 2\,245\,245$; $W_{2020} = 264\,499$
$G_{2021} = 2\,314\,938$; $W_{2021} = 258\,987$
Ges.: $p_{2020}\ \%$; $p_{2021}\ \%$

Berechnung des Prozentsatzes der Unfälle mit Personenschaden in 2020:

$$p_{2020}\ \% = \frac{W_{2020}}{G_{2020}} = \frac{264\,499}{2\,245\,245} = 0{,}118 = \underline{\underline{11{,}8\ \%}}$$

Berechnung des Prozentsatzes der Unfälle mit Personenschaden in 2021:

$$p_{2021}\ \% = \frac{W_{2021}}{G_{2021}} = \frac{258\,987}{2\,314\,938} = 0{,}112 = \underline{\underline{11{,}2\ \%}}$$

A: Der Anteil der Unfälle mit Personenschaden hat von 2020 auf 2021 geringfügig um 0,6 Prozentpunkte abgenommen.

b) Im Jahr 2021 gab es 2 055 951 – 1 980 746 = 75 205 Unfälle mit Sachschaden mehr als im Vorjahr.

Geg.: W = 75 205; G = 1 980 746
Ges.: p %

Berechnung der prozentualen Zunahme bei Sachschadensfällen von 2020 auf 2021:

$$p\ \% = \frac{W}{G} = \frac{75\,205}{1\,980\,746} = 0{,}038 = \underline{\underline{3{,}8\ \%}}$$

A: Unfälle mit Sachschaden haben 2021 gegenüber 2020 um 3,8 % zugenommen.

c) Geg.: W = 176 948; G = 258 987
Ges.: p %

Berechnung des Prozentsatzes der innerörtlichen Unfälle mit Personenschaden in 2021:

$$p\ \% = \frac{W}{G} = \frac{176\,948}{258\,987} = 0{,}683 = \underline{68{,}3\ \%} \quad (\leq 70\ \%)$$

A: Die Aussage ist falsch.

Hier muss zwingend indiziert werden. Statt der vierstelligen Jahreszahl könnte man auch nur „20“ und „21“ schreiben.

Vergleicht man zwei Prozentzahlen, so spricht man bei der absoluten Differenz von Prozentpunkten. Berechnet man stattdessen die relative Veränderung $\left(\frac{-0{,}6}{11{,}8} = -0{,}051 = -5{,}1\ \%\right)$, schreibt man Prozent. Der Antwortsatz könnte also auch lauten: „… hat … um 5,1 % abgenommen.“

Rechnet man mit 2 055 951 statt der Zunahme, so erhält man als Ergebnis 103,8 % und muss daraus schließen können, dass dies einer Zunahme um 3,8 % entspricht (siehe dazu Kapitel 7.2).

---

114 a) 20 % mehr: $q = 1 + \frac{20}{100} = \underline{\underline{1,2}}$

b) 12 % weniger: $q = 1 + \frac{-12}{100} = \underline{\underline{0,88}}$

c) Steigerung um 2 %: $q = 1 + \frac{2}{100} = \underline{\underline{1,02}}$

d) 8 % Rabatt: $q = 1 + \frac{-8}{100} = \underline{\underline{0,92}}$

e) Erhöhung um $\frac{1}{4}$ des Preises: $q = 1 + \frac{1}{4} = \underline{\underline{1,25}}$

f) 3 % Skonto: $q = 1 + \frac{-3}{100} = \underline{\underline{0,97}}$

g) 19 % Mehrwertsteuer: $q = 1 + \frac{19}{100} = \underline{\underline{1,19}}$

h) Reduzierung um 50 %: $q = 1 + \frac{-50}{100} = \underline{\underline{0,5}}$

i) Abnahme um 11 %: $q = 1 + \frac{-11}{100} = \underline{\underline{0,89}}$

j) 12,3 % höher: $q = 1 + \frac{12,3}{100} = \underline{\underline{1,123}}$

k) 15 % Preisnachlass: $q = 1 + \frac{-15}{100} = \underline{\underline{0,85}}$

l) 2 kaufen, 1 bezahlen: $q = 1 + \frac{-50}{100} = \underline{\underline{0,5}}$

Hinweise und Tipps

Ob ein vermehrter oder verminderter Grundwert vorliegt, geht aus der Angabe hervor. Diese Aufgabe zeigt einige Beispiele.

---

115 Geg.: $G' = 22{,}50$ €; $p\,\% = 19\,\%$ $\Rightarrow$ $q = 1 + \frac{19}{100} = 1{,}19$

Ges.: G

Berechnung des Nettopreises (G):

$$G = \frac{G'}{q} = \frac{22{,}5}{1{,}19} = \underline{\underline{18{,}91\text{ €}}}$$

A: Das T-Shirt kostet ohne Mehrwertsteuer 18,91 €.

Die umgeformte Formel aus dem Merkekasten wurde hier direkt verwendet. Es reicht aber aus, wenn man sich die Grundformel merkt – sie steht auch in der Formelsammlung – und diese umformen kann.

---

116 • **Verringerung 1972–1998:**

Geg.: $G_{72} = 20\,900$; $G'_{98} = 7\,790$

Ges.: q bzw. p %

Berechnung der prozentualen Veränderung p der Anzahl der Verkehrstoten von 1972 bis 1998:

$$q = \frac{G'_{98}}{G_{72}} = \frac{7\,790}{20\,900} = 0{,}373 = \underline{37{,}3\,\%}$$

$$\Rightarrow \quad p\,\% = 37{,}3\,\% - 100\,\% = \underline{\underline{-62{,}7\,\%}}$$

A: Die Zahl der Verkehrstoten hat sich von 1972 bis 1998 um ca. 62,7 % verringert.

• **Vergleich der Rückgänge in beiden Zeiträumen:**

Berechnung der prozentualen Veränderung p der Anzahl der Verkehrstoten von 1998 bis 2020:

Geg.: $G_{98} = 7\,790$; $G'_{20} = 2\,720$

Ges.: q bzw. p %

Hier ist 7 790 der Grundwert G!

Hinweise und Tipps

$q = \frac{G'_{20}}{G_{98}} = \frac{2\,720}{7\,790} = 0{,}349 = \underline{34{,}9\,\%}$

$\Rightarrow\;\; p\,\% = 34{,}9\,\% - 100\,\% = \underline{-65{,}1\,\%}$

Vergleich der Rückgänge in beiden Zeiträumen:
Die Zahl der Verkehrstoten hat sich relativ gesehen im zweiten Zeitraum stärker reduziert – obwohl der Zeitraum kürzer und der Rückgang der absoluten Todeszahlen im ersten Zeitraum viel höher war.

Der erste Satzteil reicht zur Beantwortung der Aufgabenstellung grundsätzlich aus. Es ist aber nicht verboten, weitere Rückschlüsse zu ziehen. Diese Aufgabe zeigt auch, dass prozentuale Abnahmen in der Diagrammdarstellung schwerer zu fassen sind als absolute Abnahmen. Daher sollte man sich hier lieber auf die Rechnung als auf die Anschauung verlassen.

- **Berechnung der zu erwartenden Verkehrstoten im Jahr 2022 bei gleicher prozentualer Abnahme wie im Vorjahr:**

  Berechnung der prozentualen Veränderung der Anzahl der Verkehrstoten von 2020 bis 2021:

  $q = \frac{G'_{21}}{G_{20}} = \frac{2\,560}{2\,720} = 0{,}941 = \underline{94{,}1\,\%}$

  $\Rightarrow\;\; p\,\% = 94{,}1\,\% - 100\,\% = \underline{-5{,}9\,\%}$

  Berechnung der zu erwartenden Verkehrstoten in 2022 bei einem angenommenen Rückgang um erneut 5,9 % (q = 0,941):

  $G'_{22} = G_{21} \cdot q = 2\,560 \cdot 0{,}941 = 2408{,}96 = \underline{\underline{2\,408}}$

  A: Bei gleicher prozentualer Abnahme wie im Vorjahr hätte sich die Anzahl der Verkehrstoten im Jahr 2022 auf 2 408 reduziert.

Hier muss abgerundet werden, da es nur „ganze“ Menschen/Getötete gibt.

---

117 Berechnung des Gesamtwachstums des BIP:

$q_{Ges} = q_{22} \cdot q_{23} = 1{,}018 \cdot 1{,}036 = 1{,}055 = \underline{105{,}5\,\%}$

$\Rightarrow\;\; p\,\% = 105{,}5\,\% - 100\,\% = \underline{\underline{5{,}5\,\%}}$

Berechnung des Gesamtwachstums der Verbraucherpreise:

$q_{Ges} = q_{22} \cdot q_{23} = 1{,}061 \cdot 1{,}034 = 1{,}097 = \underline{109{,}7\,\%}$

$\Rightarrow\;\; p\,\% = 109{,}7\,\% - 100\,\% = \underline{\underline{9{,}7\,\%}}$

A: Laut Prognose wächst das BIP insgesamt um 5,5 % und die Verbraucherpreise wachsen insgesamt um 9,7 %.

Achtung: Eine entsprechende Berechnung bei der Arbeitslosenquote würde keinen Sinn ergeben, da in der Prognose keine Angaben zur Veränderung, sondern zur tatsächlichen Quote gemacht werden.

Berechnung des erforderlichen Nettoeinkommens:
Geg.: G = 2 400 €; q = 1,097
Ges.: G'

$G' = G \cdot q = 2\,400 \cdot 1{,}097 = \underline{2\,632{,}80\text{ €}}$

A: Im Jahr 2023 müsste man 2 632,80 € – 2 400 € = 232,80 € mehr verdienen, um den gleichen Lebensstandard bzgl. der gestiegenen Verbraucherpreise zu halten.

Um sich den gleichen Lebensstandard leisten zu können, müsste das Gehalt prozentual genauso ansteigen wie die Verbraucherpreise, also um 9,7 %. Das q wurde aus obiger Rechnung übernommen.

---

118 Geg.: $K_0 = 250$ €; $p\,\% = 0{,}8\,\% \;\Rightarrow\; q = 1 + \frac{0{,}8}{100} = 1{,}008$

Ges.: K_1

Berechnung des Endkapitals K_1:

$K_1 = K_0 \cdot q = 250 \cdot 1{,}008 = \underline{\underline{252\text{ €}}}$

A: Julian hat zum Jahresende 252 € auf dem Konto.

Man kann hier selbstverständlich auch die Formel für Z verwenden (Ergebnis: 2 €) und anschließend die Zinsen zum Startkapitel addieren.

Hinweise und Tipps

119 Berechnung der Zinsen Z für das Angebot von Anlage-Champ:
Geg.: K = 3 200 €; p % = 0,9 % = 0,009
Ges.: Z

$$Z = K \cdot p\,\% = 3\,200 \cdot 0{,}009 = \underline{\underline{28{,}80\ €}}$$

Berechnung der Zinsen Z_{Ges} für das Angebot von Geldprofi:
Geg.: K = 3 200 €; p_1 % = 0,5 % = 0,005; m_1 = 3;
p_2 % = 1 % = 0,01; m_2 = 9
Ges.: Z_{Ges}

Berechnung der Zinsen Z_1 in den ersten 3 Monaten:

$$Z_1 = K \cdot p_1\,\% \cdot \frac{m_1}{12} = 3\,200 \cdot 0{,}005 \cdot \frac{3}{12} = \underline{4{,}00\ €}$$

Berechnung der Zinsen Z_2 in den restlichen 9 Monaten:

$$Z_2 = K \cdot p_2\,\% \cdot \frac{m_2}{12} = 3\,200 \cdot 0{,}01 \cdot \frac{9}{12} = \underline{24{,}00\ €}$$

Berechnung der Gesamtzinsen Z_{Ges} nach 1 Jahr:

$$Z_{Ges} = Z_1 + Z_2 = 4{,}00 + 24{,}00 = \underline{\underline{28{,}00\ €}}$$

A: Das Angebot von Anlage-Champ ist besser, da man bei einer Einlage von 3 200 € nach einem Jahr 80 Cent mehr Zinsen erhält.

Man berechnet die Zinsen am besten einzeln, indem man zweimal die Formel für unterjährige Zinsen anwendet.

Hinweis: Unterjährige Zinsen werden selbst nicht verzinst (hier also kein Zinseszins), da die Zinsen im Normalfall erst zum Jahresende gutgeschrieben werden.

120 Geg.: $Z + K_0$ = 543,48 €; p % = 0,2 % = 0,002; t = 160
Ges.: K_0

Berechnung des Anfangskapitals K_0:

$$\text{(1)}\quad Z = 543{,}48 - K_0$$
$$\text{(2)}\quad Z = K_0 \cdot p\,\% \cdot \frac{t}{360}$$

$$\text{(1)}\quad Z = 543{,}48 - K_0$$
$$\text{(2')}\quad Z = K_0 \cdot 0{,}002 \cdot \frac{160}{360}$$

$$\text{(1)} = \text{(2')}:\quad 543{,}48 - K_0 = K_0 \cdot 0{,}002 \cdot \frac{160}{360}$$

$$543{,}48 - K_0 = \frac{1}{1125} \cdot K_0 \qquad \Big|+K_0$$

$$543{,}48 = \frac{1126}{1125} \cdot K_0 \qquad \Big|\cdot \frac{1125}{1126}$$

$$K_0 = \underline{\underline{543{,}00\ €}}$$

A: Maike hatte zu Jahresbeginn 543 € auf dem Konto.

Zum Vorgehen siehe Kapitel 2.2 Lineare Gleichungssysteme
Für Gleichung (1) wurde die Gleichung aus dem Geg.-Teil mit $|-K_0$ umgeformt.

Hier sollte man mit einem Bruch rechnen, um nicht zu ungenau zu werden. Der Taschenrechner hilft hier jedoch nicht. Es gilt:

$$\frac{\overset{1}{\cancel{2}}}{\underset{500}{\cancel{1000}}} \cdot \frac{\overset{4}{\cancel{160}}}{\underset{9}{\cancel{360}}} = \frac{1}{\underset{125}{\cancel{500}}} \cdot \frac{\overset{1}{\cancel{4}}}{9} = \frac{1}{1125}$$

Deutlich einfacher ist die Aufgabe mit einer Kombination der Formeln für K_1 und unterjährigen Zinsen zu lösen:

$$K_t = K_0 \cdot \left(1 + \frac{p}{100} \cdot \frac{t}{360}\right)$$

Da sie in der Regel nicht extra unterrichtet wird, ist die Lösung hier ohne diese Formel durchgeführt.

Berechnung der Zinsen Z bis Jahresende:

$$Z = K_0 \cdot p\,\% = 543 \cdot 0{,}002 = \underline{\underline{1{,}09\ €}}$$

A: Bis Jahresende hätte sie 1,09 € Zinsen erhalten.

Hinweise und Tipps

121 Geg.: $K_5 = 6\,532{,}21$ €; $p\,\% = 1{,}1\,\% \Rightarrow q = 1 + \frac{1{,}1}{100} = 1{,}011$; $n = 5$

Ges.: K_0

Berechnung des Anfangskapitals K_0:

$$K_0 = \frac{K_5}{q^5} = \frac{6\,532{,}21}{1{,}011^5} = \underline{\underline{6\,184{,}50\text{ €}}}$$

A: Alisha hatte vor 5 Jahren 6 184,50 € angelegt.

Hier muss nach K_0 aufgelöst werden. In diesem Fall wurde gleich die aufgelöste Formel notiert; man kann jedoch auch die Standardformel – auch in der Formelsammlung zu finden – nutzen und diese dann umformen.

---

122 Geg.: $K_4 = 10\,000$ €;

$p_1\,\% = 2{,}0\,\% \Rightarrow q_1 = 1 + \frac{2{,}0}{100} = 1{,}02$;

$p_2\,\% = 2{,}25\,\% \Rightarrow q_2 = 1{,}0225$;

$p_3\,\% = 2{,}5\,\% \Rightarrow q_3 = 1{,}025$;

$p_4\,\% = 2{,}75\,\% \Rightarrow q_4 = 1{,}0275$

Ges.: K_0

Berechnung des Startkapitals K_0:

$$K_4 = K_0 \cdot q_1 \cdot q_2 \cdot q_3 \cdot q_4 \quad \left| \cdot \frac{1}{q_1 \cdot q_2 \cdot q_3 \cdot q_4} \right.$$

$$K_0 = \frac{K_4}{q_1 \cdot q_2 \cdot q_3 \cdot q_4}$$

$$K_0 = \frac{10\,000}{1{,}02 \cdot 1{,}0225 \cdot 1{,}025 \cdot 1{,}0275}$$

$$K_0 = \underline{\underline{9\,103{,}97\text{ €}}}$$

A: Man muss 9 103,97 € anlegen, um nach 4 Jahren 10 000 € zu erhalten.

---

123 a) Geg.: $K_0 = 7\,250$ €; $K_4 = 8\,002{,}64$ €

Ges.: $p\,\%$

Berechnung des Zinsfaktors q und des Zinssatzes p:

$$q = \sqrt[4]{\frac{K_4}{K_0}} = \sqrt[4]{\frac{8\,002{,}64}{7\,250}} = 1{,}025 = \underline{102{,}5\,\%}$$

$$\Rightarrow \quad p\,\% = 102{,}5\,\% - 100\,\% = \underline{\underline{2{,}5\,\%}}$$

A: Der jährliche Zinssatz beträgt 2,5 %.

b) Geg.: $G = 7\,250$ €; $G' = 8\,002{,}64$ €

Ges.: q bzw. p %

Berechnung des Zinsfaktors q_{Ges} und des Zinssatzes p_{Ges} für die Gesamtlaufzeit:

$$q_{Ges} = q^4 = 1{,}025^4 = 1{,}104 = \underline{110{,}4\,\%}$$

$$\Rightarrow \quad p_{Ges}\,\% = 110{,}4\,\% - 100\,\% = \underline{\underline{10{,}4\,\%}}$$

Alternative Berechnungsmöglichkeit:

$$q_{Ges} = \frac{G'}{G} = \frac{8\,002{,}64}{7\,250} = 1{,}104 = \underline{110{,}4\,\%}$$

$$\Rightarrow \quad p_{Ges}\,\% = 110{,}4\,\% - 100\,\% = \underline{\underline{10{,}4\,\%}}$$

A: Der Zuwachs beträgt insgesamt 10,4 %.

Hier handelt sich um einen vermehrten Grundwert. Falsch wäre es, 2,5 % · 4 = 10 % zu rechnen, da sich der Grundwert von Jahr zu Jahr ändert. Die 0,4 % mehr sind genau der Zinseszinseffekt.

Hinweise und Tipps

124 Berechnung des Kapitals K_3 nach 3 Jahren für das Angebot der Bonusbank:

Geg.: $K_0 = 2\,000$ €; $p\,\% = 0{,}6\,\% \Rightarrow q = 1 + \frac{0{,}6}{100} = 1{,}006$;
$B = 50$ € (Bonus)

Ges.: K_3

$K_3 = K_0 \cdot q^3 + B = 2\,000 \cdot 1{,}006^3 + 50 = \underline{\underline{2\,086{,}22\text{ €}}}$

Der Bonus wird hier gleich zum verzinsten Kapital über drei Jahre addiert. So erhält man direkt das benötigte Ergebnis.

Berechnung des Kapitals K_3 nach 3 Jahren für das Angebot der SparBank:

Geg.: $K_0 = 2\,000$ €; $p_1\,\% = 0{,}3\,\% \Rightarrow q = 1 + \frac{0{,}3}{100} = 1{,}003$;
$p_2\,\% = p_3\,\% = 1\,\% \Rightarrow q_2 = q_3 = 1 + \frac{1}{100} = 1{,}01$; $n = 3$

Ges.: K_3

$K_3 = K_0 \cdot q_1 \cdot q_2 \cdot q_3 = 2\,000 \cdot 1{,}003 \cdot 1{,}01 \cdot 1{,}01 = \underline{\underline{2\,046{,}32\text{ €}}}$

Auch möglich wäre die Rechnung $K_3 = K_0 \cdot q_1 \cdot q_2{}^2$, da im zweiten und dritten Jahr der gleiche Zinssatz vorliegt.

A: Das Angebot der Bonusbank ist deutlich besser, man erhält bei 2 000 € Einlage etwa 40 € mehr.

---

125 Geg.: $K_0 = 2\,800$ €; $p_1\,\% = 2{,}5\,\% \Rightarrow q_1 = 1 + \frac{2{,}5}{100} = 1{,}025$;
$p_2\,\% = 3{,}0\,\% \Rightarrow q_2 = 1 + \frac{3{,}0}{100} = 1{,}03$

Ges.: t

Berechnung des Kapitals K_1 nach 1 Jahr:

$K_1 = K_0 \cdot q_1 = 2\,800\text{ €} \cdot 1{,}025 = \underline{2\,870\text{ €}}$

Berechnung des Kapitals K_2 nach 2 Jahren:

$K_2 = K_1 \cdot q_2 = 2\,870\text{ €} \cdot 1{,}03 = \underline{2\,956{,}10\text{ €}}$

Berechnung des Kapitals K_3 nach 3 Jahren:

$K_3 = K_1 \cdot q_2{}^2 = 2\,870\text{ €} \cdot 1{,}03^2 = \underline{3\,044{,}78\text{ €}} > 3\,000\text{ €}$

Das Kapital ist demnach vor Ablauf von 3 Jahren auf 3 000 € angewachsen.

Nach 2 Jahren fehlen bis 3 000 € noch Zinsen in Höhe von:

$3\,000 - 2\,956{,}10 = \underline{43{,}90\text{ €}}$

Berechnung, nach wie vielen Tagen t im zweiten Jahr der Zinsertrag bei 43,90 € (und das Kapital bei 3 000 €) liegt:

$$Z = K_2 \cdot p_2\,\% \cdot \frac{t}{360} \quad \Big| \cdot \frac{360}{K_2 \cdot p_2\,\%}$$

Tageszinsformel

$$t = \frac{Z \cdot 360}{K_2 \cdot p_2\,\%}$$

$$t = \frac{43{,}90 \cdot 360}{2\,956{,}10 \cdot 0{,}03}$$

$t = \underline{179}$

Auf ganze Tage aufrunden!

A: Es dauert 2 Jahre und 179 Tage, bis das Kapital auf 3 000 € angewachsen ist.

8 Statistik – Häufigkeiten, Kennwerte und Boxplots

Hinweise und Tipps

126 a) Rangliste:

Rang	1	2	3	4	5	6	7	8	9	10
Wert	16,2	18,4	18,9	19,3	19,7	19,9	21,8	22,7	24,3	25,8

Mittelwert:

$$\frac{16,2+18,4+\ldots+25,8}{10}=\frac{207}{10}=\underline{\underline{20,7\text{ m}}}$$

Der Mittelwert ergibt sich aus der Summe der Weiten durch Division mit der Anzahl n = 10 der Werte.

Rang	1	2	3	4	5	6	7	8	9	10
Wert	16,2	18,4	18,9	19,3	**19,7**	**19,9**	21,8	22,7	24,3	25,8

19,8

Zentralwert: $z=\underline{\underline{19,8\text{ m}}}$

Mittelwert von 19,7 und 19,9

bzw. errechneter Wert:

$$10\cdot 0,5=5\in\mathbb{Z}\ \Rightarrow\ z=\frac{x_5+x_6}{2}=\frac{19,7+19,9}{2}=\underline{\underline{19,8\text{ m}}}$$

b)

Rang	1	2	**3**	4	5	6	7	**8**	9	10
Wert	16,2	18,4	**18,9**	19,3	19,7	19,9	21,8	**22,7**	24,3	25,8

Kennwerte:

$x_{min}=\underline{16,2\text{ m}}$; $q_u=\underline{18,9\text{ m}}$; $q_o=\underline{22,7\text{ m}}$; $x_{max}=\underline{25,8\text{ m}}$

Der Zentralwert wurde bereits in Teilaufgabe a bestimmt.

bzw. errechnete Werte:

unteres Quartil: $10\cdot 0,25=2,5\notin\mathbb{Z}\ \Rightarrow\ q_u=x_3=\underline{18,9\text{ m}}$

oberes Quartil: $10\cdot 0,75=7,5\notin\mathbb{Z}\ \Rightarrow\ q_o=x_8=\underline{22,7\text{ m}}$

Boxplot:

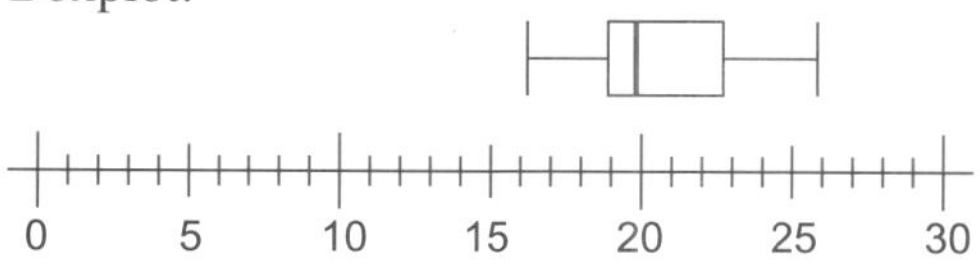

c) Neuer Mittelwert: $20,7-0,3=\underline{20,4\text{ m}}$

Neue Gesamtsumme: $20,4\cdot 11=\underline{224,4\text{ m}}$

Mittelwert · Anzahl = Gesamtsumme

Weite der Schülerin: $224,4-207=\underline{\underline{17,4\text{ m}}}$

Gesamtsumme 11 S. – Gesamtsumme 10 S.

Die Schülerin hat eine Weite von 17,4 m erzielt.

127 Berechnung des Durchschnittspreises:

Der Durchschnittspreis ist der Mittelwert aller Preise.

$$\overline{x}=\frac{159+149+154,99+169+164,91}{5}=\frac{796,90}{5}=\underline{159,38\text{ €}}$$

Berechnung, um wie viel Prozent das teuerste Angebot über dem Durchschnittspreis liegt:

Geg.: G = 159,38 €; W = 169 €

Ges.: p %

$$p\,\%=\frac{W}{G}=\frac{169}{159,38}=1,060=\underline{106,0\,\%}$$

A: Das teuerste Angebot liegt 6,0 % über dem Durchschnittspreis.

Hinweise und Tipps

128 a) absolute Häufigkeit: $\underline{\underline{21}}$

4 von 25 Noten sind Fünfer oder Sechser.

Berechnung des Klassendurchschnitts:

$$\overline{x} = \frac{2 \cdot 1 + 6 \cdot 2 + 7 \cdot 3 + 6 \cdot 4 + 3 \cdot 5 + 1 \cdot 6}{25} = \frac{80}{25} = \frac{16}{5} = \underline{\underline{3,2}}$$

b) relative Häufigkeiten:

z. B. für Note 1: $\frac{2}{25} \cdot 100\,\% = 8\,\%$

Note	1	2	3	4	5	6
%	8	24	28	24	12	4

Kreisdiagramm:

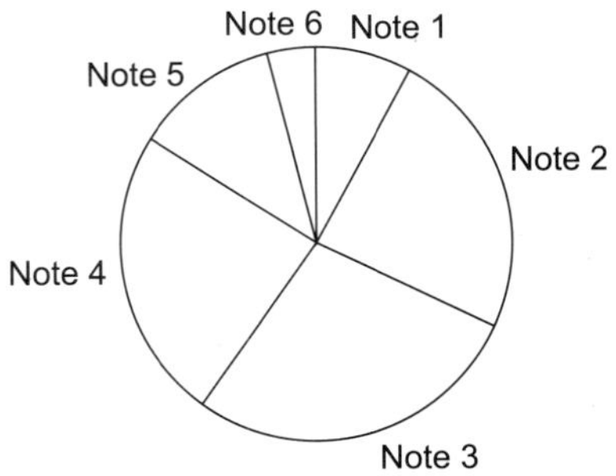

$100\,\% \mathrel{\hat{=}} 360° \Rightarrow 1\,\% \mathrel{\hat{=}} 3,6°$

Es folgt daher:

$8\,\% \mathrel{\hat{=}} 28,8°$
$24\,\% \mathrel{\hat{=}} 86,4°$
$28\,\% \mathrel{\hat{=}} 100,8°$
$12\,\% \mathrel{\hat{=}} 43,2°$
$4\,\% \mathrel{\hat{=}} 14,4°$

c) nötige Kennwerte:

$x_{min} = \underline{1}$
$q_u: n \cdot 0,25 = 25 \cdot 0,25 = 6,25 \notin \mathbb{Z} \Rightarrow q_u = x_7 = \underline{2}$
$z: \; n \cdot 0,5 = 25 \cdot 0,5 = 12,5 \notin \mathbb{Z} \Rightarrow z = x_{13} = \underline{3}$
$q_o: n \cdot 0,75 = 25 \cdot 0,75 = 18,75 \notin \mathbb{Z} \Rightarrow q_o = x_{19} = \underline{4}$
$x_{max} = \underline{6}$

Der Wert auf dem 7. Rangplatz ist eine Zwei, da die ersten beiden Werte Einser sind und dann bis zum 8. Rangplatz nur Zweier folgen. Alternativ könntest du auch eine Rangliste notieren und abzählen.

Boxplot:

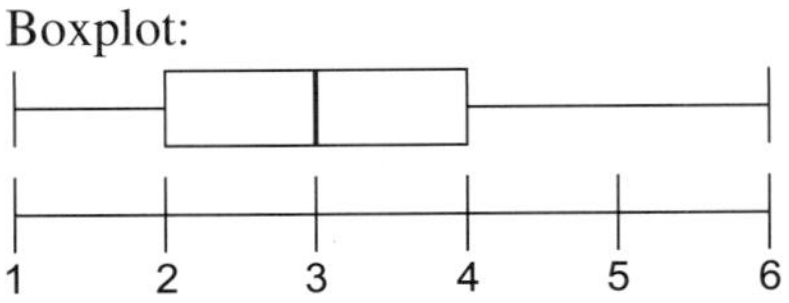

129

		richtig	falsch
a)	75 % der Flaschen enthalten mindestens einen halben Liter. Begründung: 0,5 ℓ = 500 mℓ ist das untere Quartil, daher liegen 75 % darüber.	☒	☐
b)	Die durchschnittliche Füllmenge beträgt mit Sicherheit 502 mℓ. Begründung: Der Zentralwert liegt bei 502 mℓ, dieser muss aber nicht dem Mittelwert entsprechen.	☐	☒
c)	Der Füllmengenunterschied ist höchstens 7 mℓ. Begründung: Er beträgt 17 mℓ (510 mℓ – 493 mℓ).	☐	☒
d)	Keine Flasche enthält mehr als 510 mℓ. Begründung: 510 mℓ ist das Maximum.	☒	☐
e)	Bei 50 % der Flaschen ist der Füllmengenunterschied höchstens 7 mℓ. Begründung: Stimmt. Der Quartilabstand (zwischen unterem und oberem Quartil) beträgt nur 7 mℓ und dort liegen 50 % der Flaschen.	☒	☐
f)	Bei 25 % der Flaschen ist der Füllmengenunterschied höchstens 2 mℓ. Begründung: Stimmt. Zwischen unterem Quartil und Median beträgt der Füllmengenunterschied nur 2 mℓ und dort liegen 25 % der Flaschen.	☒	☐

Hinweise und Tipps

130 a) Rangliste:

Rang	1	2	3	4	5	6	7	8	9	10	11	12	13	14	15
Wert	14	15	16	18	20	20	22	22	22	23	24	29	34	35	46

Mittelwert:

$$\overline{x} = \frac{14+15+\ldots+46}{15} = \frac{360}{15} = \underline{\underline{24}}$$

Rang	1	2	3	4	5	6	7	**8**	9	10	11	12	13	14	15
Wert	14	15	16	18	20	20	22	**22**	22	23	24	29	34	35	46

Zentralwert: $z = \underline{\underline{22}}$

bzw. errechneter Wert:

$15 \cdot 0{,}5 = 7{,}5 \notin \mathbb{Z} \quad \Rightarrow \quad z = x_8 = \underline{\underline{22}}$

Mittelwert und Zentralwert unterscheiden sich also um $24 - 22 = \underline{\underline{2}}$ Punkte.

b)

Rang	1	2	3	**4**	5	6	7	**8**	9	10	11	**12**	13	14	15
Wert	14	15	16	**18**	20	20	22	**22**	22	23	24	**29**	34	35	46

Kennwerte:

$\overline{x} = \underline{\underline{24}}$

$x_{min} = \underline{\underline{14}}$; $q_u = \underline{\underline{18}}$; $z = 22$; $q_o = \underline{\underline{29}}$; $x_{max} = \underline{\underline{46}}$

Modalwert: $\underline{\underline{22}}$

Spannweite: $d = x_{max} - x_{min} = 46 - 14 = \underline{\underline{32}}$

Quartilabstand: $q = q_o - q_u = 29 - 18 = \underline{\underline{11}}$

Der Mittelwert $\overline{x}$ und der Zentralwert z wurden bereits in Teilaufgabe a ermittelt.

bzw. errechnete Werte:

unteres Quartil: $15 \cdot 0{,}25 = 3{,}75 \notin \mathbb{Z} \quad \Rightarrow \quad q_u = x_4 = \underline{\underline{18}}$

oberes Quartil: $15 \cdot 0{,}75 = 11{,}25 \notin \mathbb{Z} \quad \Rightarrow \quad q_o = x_{12} = \underline{\underline{29}}$

Boxplot:

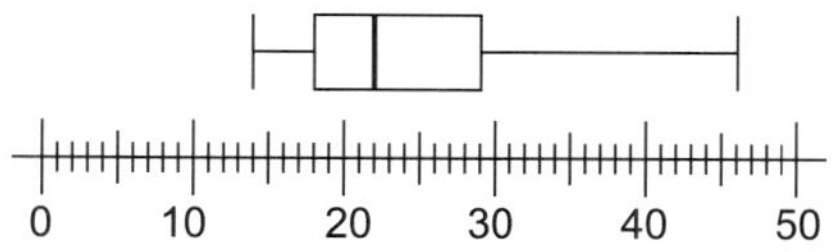

9 Wahrscheinlichkeitsrechnung

Hinweise und Tipps

131 Berechnung der Wahrscheinlichkeit für das Ereignis „grün“:

$$P(\text{grün}) = \underline{\underline{\frac{3}{8}}} = \underline{\underline{37{,}5\ \%}}$$

Es gibt 3 grüne Kugeln in der Urne und damit 3 günstige Ergebnisse für das Ereignis „grüne Kugel“.

---

132 Da bereits 8 Zahlen gezogen sind, gibt es noch 92 Möglichkeiten, somit gilt: n = <u>92</u>

Da bereits 3 (der 50) geraden Zahlen gezogen sind, gibt es noch 47 mögliche Ergebnisse für das gewünschte Ereignis, somit: m = <u>47</u>

Berechnung der Wahrscheinlichkeit für das Ereignis „gerade“:

$$P(\text{gerade}) = \underline{\underline{\frac{47}{92}}} = \underline{\underline{51{,}1\ \%}}$$

---

133 Denkt man sich das Glücksrad in Sektoren von 1° aufgeteilt, dann gilt: n = <u>360</u>

Die Anzahl der günstigen Ergebnisse einer Farbe ist dann gleich der Maßzahl des Winkels des zugehörigen Sektors.

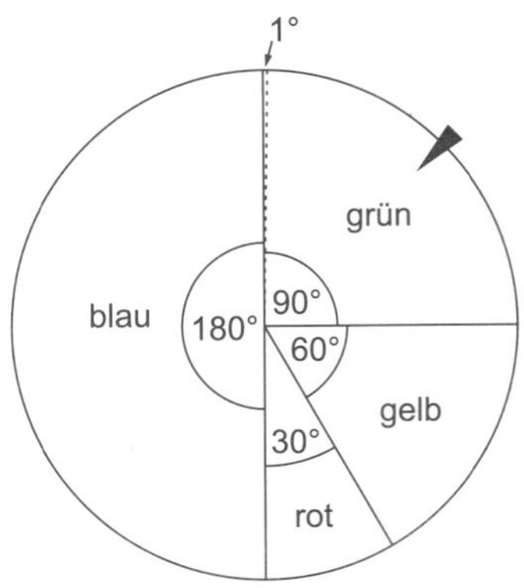

a) Berechnung der Wahrscheinlichkeit für das Ereignis „gelb“:

$$P(\text{gelb}) = \frac{60}{360} = \underline{\underline{\frac{1}{6}}} = \underline{\underline{16{,}7\ \%}}$$

b) Berechnung der Wahrscheinlichkeit für das Ereignis „rot oder blau“:

$$P(\text{rot oder blau}) = \frac{30+180}{360} = \frac{210}{360} = \underline{\underline{\frac{7}{12}}} = \underline{\underline{58{,}3\ \%}}$$

A: Die Wahrscheinlichkeit für das Ereignis „rot oder blau“ beträgt 58,3 %, damit ist sie nicht größer als 60 %.

---

134 Baumdiagramm:

Bei der 1. Ziehung ist n = 6, bei der 2. Ziehung ist n = 5, da ohne Zurücklegen gezogen wird.

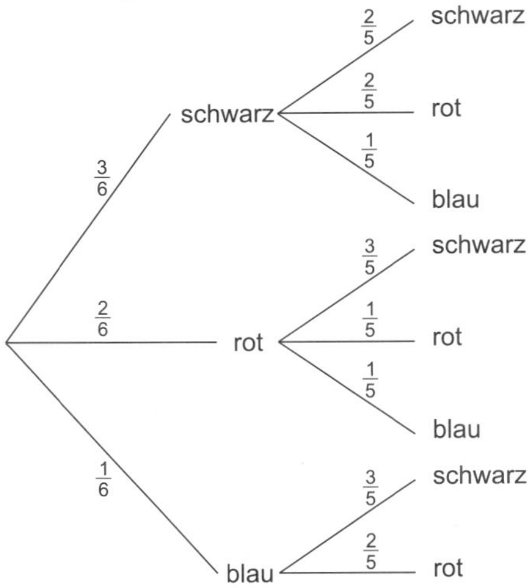

a) $P(\text{zuerst blau, dann rot}) = P(b; r) = \frac{1}{6}\cdot\frac{2}{5} = \underline{\underline{\frac{1}{15}}} = \underline{\underline{6,7\ \%}}$

Hinweise und Tipps

Die Wahrscheinlichkeiten entlang des Pfades sind zunächst $\frac{1}{6}$ (bis „blau") und dann noch $\frac{2}{5}$ (bis „rot"). Nach der Produktregel daher insgesamt $\frac{1}{6}\cdot\frac{2}{5}$.

b) $P(\text{zweimal schwarz}) = P(s; s) = \frac{3}{6}\cdot\frac{2}{5} = \underline{\underline{\frac{1}{5}}} = \underline{\underline{20\ \%}}$

c) $P(\text{gleichfarbig}) = P(s; s) + P(r; r)$

$P(\text{gleichfarbig}) = \frac{3}{6}\cdot\frac{2}{5} + \frac{2}{6}\cdot\frac{1}{5} = \frac{8}{30} = \underline{\underline{\frac{4}{15}}} = \underline{\underline{26,7\ \%}}$

Für das Ereignis „gleichfarbig" gibt es 2 günstige Ergebnisse, zu denen 2 Pfade führen. Die Wahrscheinlichkeit für jeden Pfad erhält man mit der Produktregel. Diese müssen dann addiert werden (Summenregel).

d) $P(\text{zuerst rot}) = P_1(r) = \underline{\underline{\frac{1}{3}}} = \underline{\underline{33,3\ \%}}$

135 Bestimmung der Wahrscheinlichkeiten:

Zahl	1	2	3	4	5	6
Anzahl	4	2	3	1	1	1
Wahrsch.	$\frac{4}{12}$	$\frac{2}{12}$	$\frac{3}{12}$	$\frac{1}{12}$	$\frac{1}{12}$	$\frac{1}{12}$

Sowohl das Baumdiagramm ($6\cdot 6 = 36$ Pfade) als auch eine Tabelle mit allen Ergebnissen würde sehr groß werden, daher wird hier darauf verzichtet. Da sich das Glücksrad nicht verändert, handelt es sich um „Ziehen mit Zurücklegen" und die Wahrscheinlichkeiten ändern sich auch bei der 2. Drehung nicht.

a)
- Berechnung der Wahrscheinlichkeit für das Ereignis „Primzahl":
  $P(\text{Primzahl}) = P(2) + P(3) + P(5)$
  $P(\text{Primzahl}) = \frac{2}{12} + \frac{3}{12} + \frac{1}{12} = \frac{6}{12} = \underline{\underline{\frac{1}{2}}} = \underline{\underline{50\ \%}}$
- Berechnung der Wahrscheinlichkeit für das Ereignis „durch 2 und 3 teilbar":
  $P(\text{durch 2 und 3 teilbar}) = P(\text{durch 6 teilbar})$
  $P(\text{durch 2 und 3 teilbar}) = P(6)$
  $P(\text{durch 2 und 3 teilbar}) = \underline{\underline{\frac{1}{12}}} = \underline{\underline{8,3\ \%}}$

b)
- Berechnung der Wahrscheinlichkeit für das Ereignis „beide gleich":
  $P(\text{beide gleich}) = P(1; 1) + P(2; 2) + P(3; 3) + P(4; 4) + P(5; 5) + P(6; 6)$
  $P(\text{beide gleich}) = \frac{4}{12}\cdot\frac{4}{12} + \frac{2}{12}\cdot\frac{2}{12} + \frac{3}{12}\cdot\frac{3}{12} + \frac{1}{12}\cdot\frac{1}{12} + \frac{1}{12}\cdot\frac{1}{12} + \frac{1}{12}\cdot\frac{1}{12}$
  $P(\text{beide gleich}) = \frac{32}{144} = \underline{\underline{\frac{2}{9}}} = \underline{\underline{22,2\ \%}}$
- Berechnung der Wahrscheinlichkeit für das Ereignis „Produkt kleiner 30":
  $P(\text{Produkt kleiner 30}) = 1 - P(\text{Produkt mind. 30})$
  $P(\text{Produkt kleiner 30}) = 1 - [P(5; 6) + P(6; 5) + P(6; 6)$
  $P(\text{Produkt kleiner 30}) = 1 - \left[\frac{1}{12}\cdot\frac{1}{12} + \frac{1}{12}\cdot\frac{1}{12} + \frac{1}{12}\cdot\frac{1}{12}\right]$
  $P(\text{Produkt kleiner 30}) = 1 - \frac{3}{144} = \frac{141}{144} = \underline{\underline{\frac{47}{48}}} = \underline{\underline{97,9\ \%}}$

Achte darauf, das korrekte Gegenereignis zu wählen. „Produkt größer 30" wäre falsch, da das Ergebnis 30 nicht enthalten ist. Das korrekte Gegenereignis entspricht nicht dem gegenteiligen umgangssprachlichen Ausdruck.

Hinweise und Tipps

136 a) Berechnung der Wahrscheinlichkeit für das Ereignis „zweimal 1" mit Würfel W_1:

$$P(\text{zweimal } 1) = P(1; 1) = \frac{2}{6} \cdot \frac{2}{6} = \frac{4}{36} = \underline{\underline{\frac{1}{9}}} = \underline{\underline{11{,}1\ \%}}$$

Von den 6 Flächen zeigen 2 Flächen die „1".

Da nur ein Pfad gefragt ist, benötigt man kein Baumdiagramm.

b) Berechnung der Wahrscheinlichkeit für das Ereignis „zweiter Wurf doppelt so hoch" mit Würfel W_2:

$$P(\text{zweiter Wurf doppelt so hoch}) = P(1; 2) + P(2; 4)$$

$$P(\text{zweiter Wurf doppelt so hoch}) = \frac{1}{6} \cdot \frac{1}{6} + \frac{1}{6} \cdot \frac{1}{6}$$

$$P(\text{zweiter Wurf doppelt so hoch}) = \frac{2}{36}$$

$$P(\text{zweiter Wurf doppelt so hoch}) = \underline{\underline{\frac{1}{18}}} = \underline{\underline{5{,}6\ \%}}$$

c) Baumdiagramm:

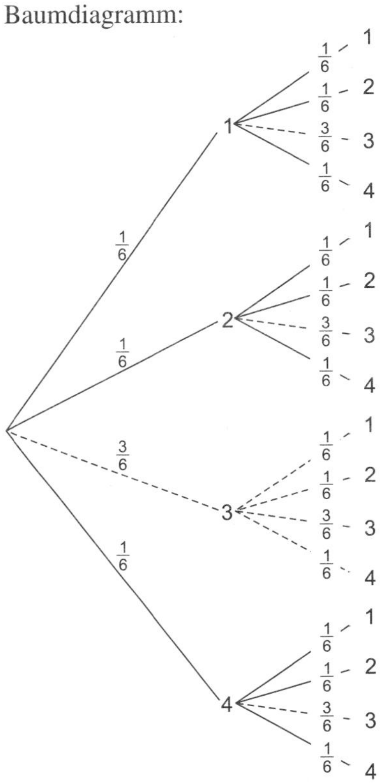

Die ungünstigen Pfade für das Ereignis „nie 3" bzw. die günstigen Pfade für das Gegenereignis „mind. eine 3" sind hier gestrichelt gekennzeichnet.

Berechnung der Wahrscheinlichkeit für das Ereignis „nie 3" mit Würfel W_2:

$$\begin{aligned} P(\text{nie } 3) = {} & P(1; 1) + P(1; 2) + P(1; 4) + \\ & P(2; 1) + P(2; 2) + P(2; 4) + \\ & P(4; 1) + P(4; 2) + P(4; 4) \end{aligned}$$

$$P(\text{nie } 3) = 9 \cdot \frac{1}{6} \cdot \frac{1}{6} = \frac{9}{36} = \underline{\underline{\frac{1}{4}}} = \underline{\underline{25\ \%}}$$

Für alle 9 günstigen Ergebnisse/Pfade für das Ereignis „nie 3" erhält man mit der Produktregel die gleiche Pfadwahrscheinlichkeit $\frac{1}{6} \cdot \frac{1}{6}$. Demnach hat das Ereignis nach der Summenregel die Wahrscheinlichkeit $9 \cdot \frac{1}{6} \cdot \frac{1}{6}$.

Alternative Lösungsmöglichkeit:

$$P(\text{nie } 3) = 1 - P(\text{mind. eine } 3)$$
$$P(\text{nie } 3) = 1 - \big(P(1;3) + P(2;3) + P(4;3) + P(3;x)\big)$$
$$P(\text{nie } 3) = 1 - \left(3 \cdot \frac{1}{6} \cdot \frac{3}{6} + \frac{3}{6}\right)$$
$$P(\text{nie } 3) = 1 - \left(\frac{9}{36} + \frac{18}{36}\right)$$
$$P(\text{nie } 3) = 1 - \frac{27}{36}$$
$$P(\text{nie } 3) = \frac{9}{36} = \underline{\underline{\frac{1}{4}}} = \underline{\underline{25\ \%}}$$

Hinweise und Tipps

Hier ist die Berechnung über das Gegenereignis „mindestens eine 3“ möglich. Alle Ergebnisse mit einer 3 im 1. Wurf sind für dieses Gegenereignis günstig, sodass $P(3;x) = \frac{3}{6}$ verwendet werden kann. Die drei übrigen günstigen Ergebnisse mit einer 3 im 2. Wurf haben nach der Produktregel alle die gleiche Pfadwahrscheinlichkeit $\frac{1}{6} \cdot \frac{3}{6}$. Demnach haben sie zusammen nach der Summenregel die Wahrscheinlichkeit $3 \cdot \frac{1}{6} \cdot \frac{3}{6}$.

---

137 Teilweise dargestelltes Baumdiagramm:

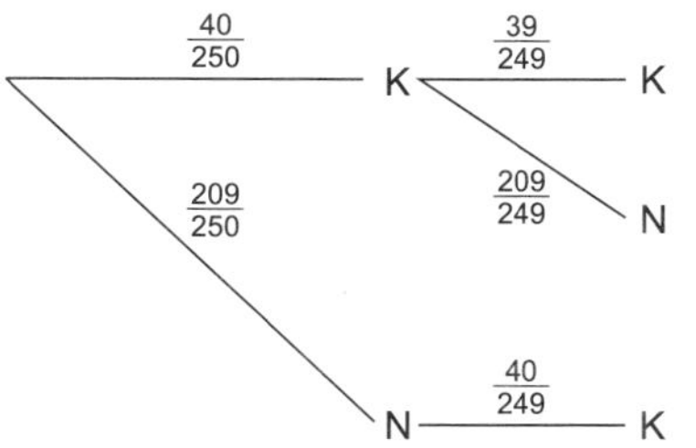

Berechnung der Wahrscheinlichkeit für das Ereignis „mind. ein Kleinpreis, aber kein Hauptpreis“:

$$P(\text{mind. ein K, aber kein H}) = P(K;K) + P(K;N) + P(N;K)$$
$$P(\text{mind. ein K, aber kein H}) = \frac{40}{250} \cdot \frac{39}{249} + \frac{40}{250} \cdot \frac{209}{249} + \frac{209}{250} \cdot \frac{40}{249}$$
$$P(\text{mind. ein K, aber kein H}) = \frac{18\,280}{62\,250}$$
$$P(\text{mind. ein K, aber kein H}) = \underline{\underline{\frac{1\,828}{6\,225}}} = \underline{\underline{29{,}4\ \%}}$$

Günstige Ergebnisse für das Ereignis „mind. ein Kleinpreis, aber kein Hauptpreis“ sind nur die Ergebnisse mit einem Kleinpreis und einer Niete oder mit zwei Kleinpreisen.

Es genügt, im Baumdiagramm nur die Pfade zu den günstigen Ergebnissen darzustellen. Beachte, dass es sich um Ziehen ohne Zurücklegen handelt.

---

138 Baumdiagramm:

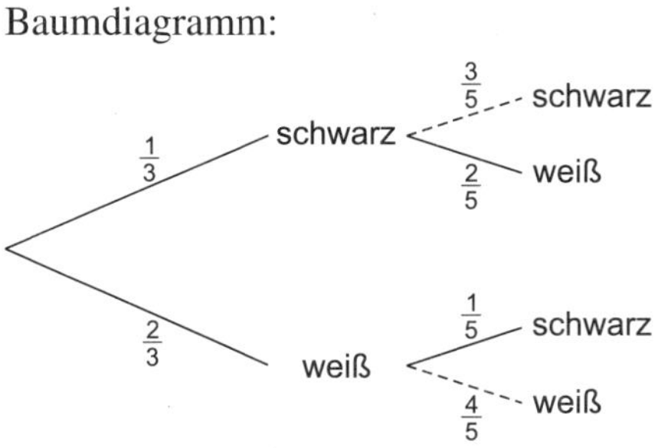

- Berechnung der Wahrscheinlichkeit für das Ereignis „erst schwarz, dann weiß“:

  $$P(\text{erst schwarz, dann weiß}) = P(s;w) = \frac{1}{3} \cdot \frac{2}{5} = \underline{\underline{\frac{2}{15}}} = \underline{\underline{13{,}3\ \%}}$$

Durch das Zurücklegen und Hinzufügen erhöht sich die Anzahl der Kugeln bei der zweiten Ziehung von 3 auf 5.

Die ungünstigen Pfade für die beiden gefragten Ereignisse sind hier gestrichelt eingezeichnet. Man hätte sie auch ganz weglassen können.

Hinweise und Tipps

- Berechnung der Wahrscheinlichkeit für das Ereignis „weiß und schwarz“:
  $P(\text{weiß und schwarz}) = P(w;\ s) + P(s;\ w)$
  $P(\text{weiß und schwarz}) = \frac{2}{3} \cdot \frac{1}{5} + \frac{2}{15}$
  $P(\text{weiß und schwarz}) = \underline{\underline{\frac{4}{15}}} = \underline{\underline{26{,}7\ \%}}$

P(s; w) wurde bereits zuvor berechnet, sodass das Ergebnis hier einfach eingesetzt werden kann.

---

139 Baumdiagramm:

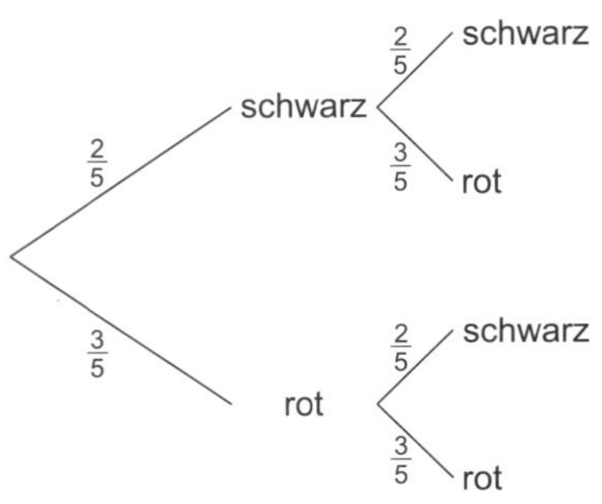

Wahrscheinlichkeiten

$P(s;\ s) = \frac{2}{5} \cdot \frac{2}{5} = \frac{4}{25} = 16\ \%$

$P(s;\ r) = \frac{2}{5} \cdot \frac{3}{5} = \frac{6}{25} = 24\ \%$

$P(r;\ s) = \frac{3}{5} \cdot \frac{2}{5} = \frac{6}{25} = 24\ \%$

$P(r;\ r) = \frac{3}{5} \cdot \frac{3}{5} = \frac{9}{25} = 36\ \%$

Kein Ergebnis hat eine Wahrscheinlichkeit von 48 %; jedoch haben die Ergebnisse (s; r) und (r; s) jeweils eine Wahrscheinlichkeit von 24 %. Nach der Summenregel hat also das Ereignis „eine schwarze und eine rote Kugel“ eine Wahrscheinlichkeit von 48 %.

Das gesuchte Ereignis kann natürlich auch anders beschrieben werden, etwa:
„verschiedenfarbige Kugeln“
„keine gleichfarbigen Kugeln“

---

140 Bestimmung der Wahrscheinlichkeiten für die Gewinnereignisse:

$P(\text{rot}) = \frac{1}{10}$

$P(\text{grau}) = \frac{2}{10}$

$P(\text{weiß}) = \frac{3}{10}$

Die Wahrscheinlichkeiten berechnet man so:

$P(x) = \frac{\text{Anzahl aller Felder der Farbe x}}{\text{Anzahl aller Felder}}$

- Berechnung des Erwartungswerts E bei 1 € Einsatz:
  $E = P(\text{rot}) \cdot G_{\text{rot}} + P(\text{grau}) \cdot G_{\text{grau}} + P(\text{weiß}) \cdot G_{\text{weiß}} - S$
  $E = \frac{1}{10} \cdot 5 + \frac{2}{10} \cdot 3 + \frac{3}{10} \cdot 1 - 1$
  $E = \frac{5}{10} + \frac{6}{10} + \frac{3}{10} - 1$
  $E = \frac{14}{10} - 1$
  $E = \underline{\underline{0{,}40\ €}} \quad (> 0\ €)$

Hinweise und Tipps

- Dieses Ergebnis (Erwartungswert > 0) bedeutet für Spieler*innen auf lange Sicht einen Gewinn, für den Betreiber somit einen Verlust.
- Bei Erhöhung um 1 € gilt der folgende, aktualisierte Gewinnplan:

Ereignis	Gewinn
rot	6 €
grau	4 €
weiß	2 €
Einsatz pro Spiel: 2 €	

Berechnung des Erwartungswerts E_{neu} für den aktualisierten Gewinnplan:

$$E_{neu} = P(rot)\cdot G_{rot_{neu}} + P(grau)\cdot G_{grau_{neu}} + P(weiß)\cdot G_{weiß_{neu}} - S_{neu}$$

$$E_{neu} = \frac{1}{10}\cdot 6 + \frac{2}{10}\cdot 4 + \frac{3}{10}\cdot 2 - 2$$

$$E_{neu} = \frac{6}{10} + \frac{8}{10} + \frac{6}{10} - 2$$

$$E_{neu} = \frac{20}{10} - 2$$

$$E_{neu} = \underline{\underline{0\ €}}$$

- Dieses Ergebnis (Erwartungswert = 0) bedeutet, dass für beide Seiten (Spieler*innen und Betreiber) auf lange Sicht weder ein Gewinn noch ein Verlust zu erwarten ist – das Spiel ist fair.

---

141 Ergebnismenge:

	1	2	3	4	5	6
1	(1; 1)	(1; 2)	(1; 3)	(1; 4)	(1; 5)	(1; 6)
2	(2; 1)	(2; 2)	(2; 3)	(2; 4)	(2; 5)	(2; 6)
3	(3; 1)	(3; 2)	(3; 3)	(3; 4)	(3; 5)	(3; 6)
4	(4; 1)	(4; 2)	(4; 3)	(4; 4)	(4; 5)	(4; 6)
5	(5; 1)	(5; 2)	(5; 3)	(5; 4)	(5; 5)	(5; 6)
6	(6; 1)	(6; 2)	(6; 3)	(6; 4)	(6; 5)	(6; 6)

Die Wahrscheinlichkeit ist für jeden Wurf (mit 2 Würfeln) mit $\frac{1}{6}\cdot\frac{1}{6} = \frac{1}{36}$ gleich groß.

Unabhängig von Einsatz und Gewinn werden zuerst die Wahrscheinlichkeiten errechnet. Dabei ist es hilfreich, die Ergebnismenge in Form einer Tabelle darzustellen.

a) Berechnung des Erwartungswerts E_1 bei 1 € Einsatz:

$$E_1 = P(1;1)\cdot G_{(1;1)} + P(2;2)\cdot G_{(2;2)} + P(3;3)\cdot G_{(3;3)} + P(4;4)\cdot G_{(4;4)} + P(5;5)\cdot G_{(5;5)} + P(6;6)\cdot G_{(6;6)} - S_1$$

$$E_1 = \frac{1}{36}\cdot(1+1)+\frac{1}{36}\cdot(2+2)+\frac{1}{36}\cdot(3+3)+\frac{1}{36}\cdot(4+4)+\frac{1}{36}\cdot(5+5)+\frac{1}{36}\cdot(6+6)-1$$

$$E_1 = \frac{1}{36}\cdot(2+4+6+8+10+12)-1$$

$$E_1 = \frac{42}{36}-1$$

$$E_1 = \frac{6}{36}$$

$$E_1 = \underline{\underline{0{,}17\ €}} \quad (>0\ €)$$

A: Bei einem Einsatz von 1 € ist das Spiel zu Gunsten der Spielerin/des Spielers.

Berechnung des Erwartungswerts E_2 bei 1,50 € Einsatz:

$$E_2 = P(1;1)\cdot G_{(1;1)} + P(2;2)\cdot G_{(2;2)} + P(3;3)\cdot G_{(3;3)} + P(4;4)\cdot G_{(4;4)} + P(5;5)\cdot G_{(5;5)} + P(6;6)\cdot G_{(6;6)} - S_2$$

$$E_2 = \frac{42}{36}-1{,}50$$

$$E_2 = \frac{42}{36}-\frac{54}{36}$$

$$E_2 = -\frac{12}{36}$$

$$E_2 = \underline{\underline{-0{,}33\ €}} \quad (<0\ €)$$

A: Bei einem Einsatz von 1,50 € ist das Spiel zu Ungunsten der Spielerin/des Spielers.

b) Berechnung des Spieleinsatzes S, für den sich ein Erwartungswert von 0 € ergibt:

$$E = P(1;1)\cdot G_{(1;1)} + P(2;2)\cdot G_{(2;2)} + P(3;3)\cdot G_{(3;3)} + P(4;4)\cdot G_{(4;4)} + P(5;5)\cdot G_{(5;5)} + P(6;6)\cdot G_{(6;6)} - S \quad |\,E=0$$

$$0 = \frac{42}{36}-S \quad |+S$$

$$S = \frac{42}{36}$$

$$S = \underline{\underline{1{,}17\ €}}$$

A: Bei einem Einsatz von ca. 1,17 € ist das Spiel fair, d. h., weder Spieler*in noch Betreiber machen auf lange Sicht einen Gewinn oder Verlust.

Hinweise und Tipps

Da den Päschen jeweils *verschiedene* Größen zugeordnet werden (abhängig von der Augenzahl), kann bei der Berechnung des Erwartungswerts nicht mit der Wahrscheinlichkeit für das Ereignis „Gewinn" von $\frac{6}{36}$ gerechnet werden.

Der Term für E_2 stimmt mit dem für E_1 bis auf den Spieleinsatz überein. Dementsprechend kann das Zwischenergebnis $\frac{42}{36}$ übernommen werden.

Der Term für E stimmt mit dem für E_1 bis auf den Spieleinsatz überein. Dementsprechend kann auch hier das Zwischenergebnis $\frac{42}{36}$ übernommen werden.

Hinweise und Tipps

142 a) Berechnung der Gewinnwahrscheinlichkeit für …

- Vorschlag 1:

$$P(G_1) = P(6) = \frac{1}{6} = \underline{16{,}7\ \%}$$

- Vorschlag 2:

$$P(G_2) = P(1;\,4) + P(2;\,3) + P(3;\,2) + P(4;\,1) + P(3;\,6) + P(4;\,5) + P(5;\,4) + P(6;\,3)$$

$$P(G_2) = 8 \cdot \frac{1}{36} = \frac{2}{9} = \underline{22{,}2\ \%}$$

Für die Augensumme 5 und 9 gibt es je vier Möglichkeiten.

- Vorschlag 3:
  Baumdiagramm:

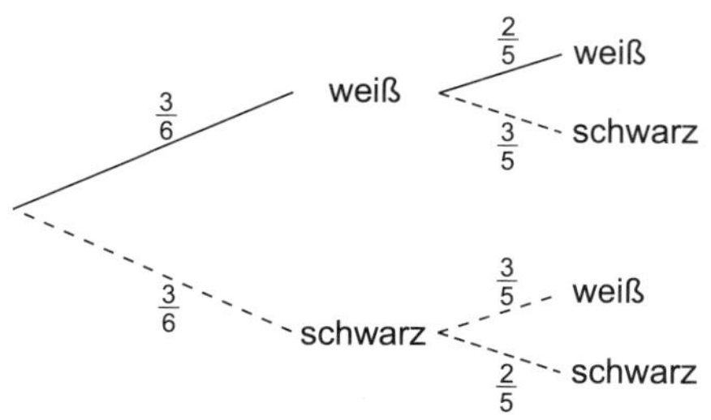

Berechnung der Gewinnchance:

$$P(G_3) = P(w;\,w) = \frac{3}{6} \cdot \frac{2}{5} = \frac{1}{5} = \underline{20\ \%}$$

A: Bei Vorschlag 2 hat die Spielerin/der Spieler die größte Gewinnchance.

b) Berechnung des Erwartungswerts für Vorschlag 3:

$$E = P(G_3) \cdot G_3 - S$$

$$E = \frac{1}{5} \cdot 5 - 1$$

$$E = \underline{\underline{0\ €}}$$

A: Das Gewinnspiel ist bei Vorschlag 3 fair, das heißt, die Klasse macht auf lange Sicht voraussichtlich weder Gewinn noch Verlust.

---

143 a) Bestimmung der Wahrscheinlichkeiten für die Gewinnereignisse:

$$P(1) = \frac{4}{10};\ P(2) = \frac{3}{10};\ P(3) = \frac{2}{10};\ P(4) = \frac{1}{10}$$

Es ist von Vorteil, die hier berechneten Wahrscheinlichkeiten nicht zu kürzen, da bei der Berechnung des Erwartungswerts eine Summe berechnet wird und so alle Summanden den gleichen Nenner haben.

Berechnung des Erwartungswerts:

$$E = P(1) \cdot G_1 + P(2) \cdot G_2 + P(3) \cdot G_3 + P(4) \cdot G_4 - S$$

$$E = \frac{4}{10} \cdot 1 + \frac{3}{10} \cdot 2 + \frac{2}{10} \cdot 3 + \frac{1}{10} \cdot 4 - 2$$

$$E = \frac{20}{10} - 2$$

$$E = \underline{\underline{0\ €}}$$

A: Da der Erwartungswert 0 € beträgt, ist für beide, Spieler*in und Betreiber, auf lange Sicht weder ein Gewinn noch ein Verlust zu erwarten. Das Spiel ist fair.

b) Baumdiagramm:

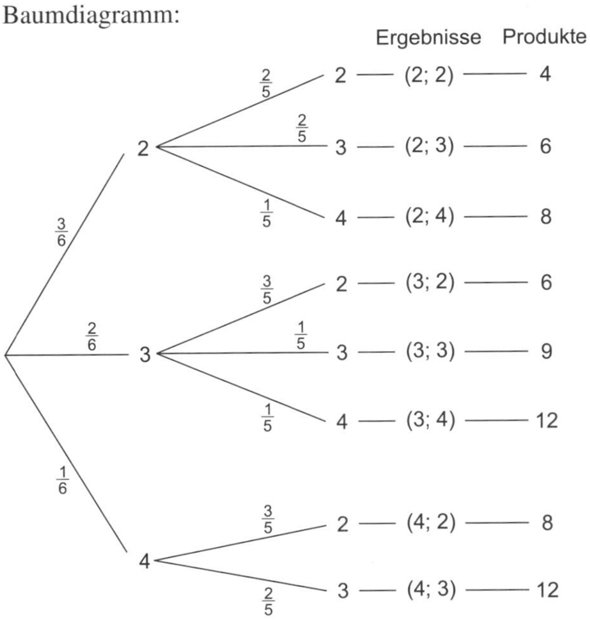

Berechnung der Wahrscheinlichkeiten für die Gewinnsituationen (4 €, 6 €, 8 €, 9 € und 12 €):

$P(4) = P(2; 2) = \frac{3}{6} \cdot \frac{2}{5} = \frac{6}{30}$

$P(6) = P(2; 3) + P(3; 2) = \frac{3}{6} \cdot \frac{2}{5} + \frac{2}{6} \cdot \frac{3}{5} = \frac{12}{30}$

$P(8) = P(2; 4) + P(4; 2) = \frac{3}{6} \cdot \frac{1}{5} + \frac{1}{6} \cdot \frac{3}{5} = \frac{6}{30}$

$P(9) = P(3; 3) = \frac{2}{6} \cdot \frac{1}{5} = \frac{2}{30}$

$P(12) = P(3; 4) + P(4; 3) = \frac{2}{6} \cdot \frac{1}{5} + \frac{1}{6} \cdot \frac{2}{5} = \frac{4}{30}$

Berechnung des Erwartungswerts E_{neu}:

$E_{neu} = P(4) \cdot G_4 + P(6) \cdot G_6 + P(8) \cdot G_8 + P(9) \cdot G_9 + P(12) \cdot G_{12} - S$

$E_{neu} = \frac{6}{30} \cdot 4 + \frac{12}{30} \cdot 6 + \frac{6}{30} \cdot 8 + \frac{2}{30} \cdot 9 + \frac{4}{30} \cdot 12 - 8$

$E_{neu} = \frac{24 + 72 + 48 + 18 + 48}{30} - 8$

$E_{neu} = \frac{210}{30} - 8$

$E_{neu} = \underline{\underline{-1\ €}}$

A: Der Erwartungswert sinkt um einen Euro auf –1 €, d. h., aus einem fairen Spiel wird eines, bei dem man als Spieler*in auf lange Sicht mit 1 € Verlust pro Spiel rechnen muss.

✎ Hinweise und Tipps

2 Kugeln gleichzeitig zu ziehen entspricht einem zweimaligen Ziehen ohne Zurücklegen. Die Wahrscheinlichkeiten der Ergebnisse in diesem mehrstufigen Zufallsexperiment lassen sich am besten mithilfe eines Baumdiagramms bestimmen. Beachte, dass nicht zwei Kugeln mit „4" gezogen werden können.

Da die Aufschriften auf den Kugeln multipliziert werden, sind nur folgende Gewinne möglich: 4 €, 6 €, 8 €, 9 € und 12 €.

Original-Abschlussprüfung

Realschulabschluss Mathematik 2022

Hinweise und Tipps

Pflichtteil A 1 – Aufgabe 1

a) $\sin\alpha = \frac{\overline{BC}}{\overline{AB}}$

b) $\tan\beta = \frac{\overline{DE}}{\overline{BE}}$

c) $\cos\varepsilon_1 = \frac{\overline{DE}}{\overline{CD}}$

Skizze zu Teilaufgabe c:

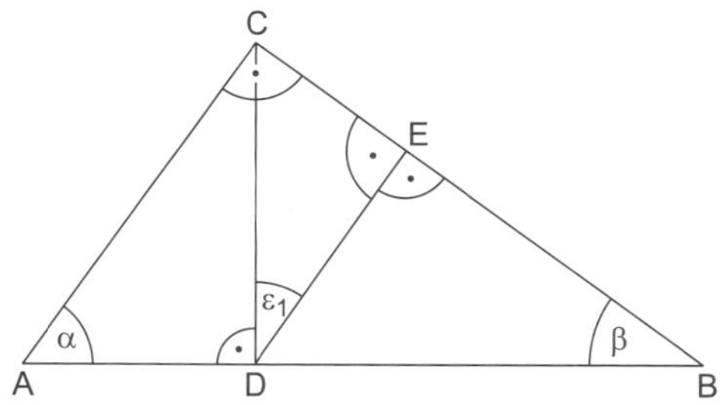

Pflichtteil A 1 – Aufgabe 2

a) **Berechnung des Volumens V der Wassermenge:**

$V = \frac{1}{3}a^2 \cdot h$

$V = \frac{1}{3} \cdot 6^2 \cdot 4$

$V = \frac{1}{\not{3}_1} \cdot \not{36}^{12} \cdot 4$

$V = \underline{\underline{48\ cm^3}}$

b) **Berechnung, wie hoch das Wasser im Prisma steht:**

$V = G \cdot h$

$V = a^2 \cdot h \quad |: a^2$

$h = \frac{V}{a^2}$

$h = \frac{48}{4^2}$

$h = \frac{48}{16} = \underline{\underline{3\ cm}}$

A: Das Wasser steht im Prisma 3 cm hoch.

✎ Hinweise und Tipps

Pflichtteil A 1 – Aufgabe 3

a) **Berechnung der Wahrscheinlichkeit des Ereignisses „zweimal weiß“:**

P(zweimal weiß) = P(w; w)

$$\text{P(zweimal weiß)} = \frac{1}{4} \cdot \frac{1}{4} = \underline{\underline{\frac{1}{16}}}$$

A: Die Wahrscheinlichkeit des Ereignisses „zweimal weiß“ beträgt $\frac{1}{16}$.

b) **Berechnung der Wahrscheinlichkeit des Ereignisses „grau und schwarz“:**

P(grau und schwarz) = P(g; s) + P(s; g)

$$\text{P(grau und schwarz)} = \frac{2}{4} \cdot \frac{1}{4} + \frac{1}{4} \cdot \frac{2}{4}$$

$$\text{P(grau und schwarz)} = \frac{2}{16} + \frac{2}{16}$$

$$\text{P(grau und schwarz)} = \frac{\cancel{4}^{1}}{\cancel{16}_{4}} = \underline{\underline{\frac{1}{4}}}$$

A: Die Wahrscheinlichkeit des Ereignisses „grau und schwarz“ beträgt $\frac{1}{4}$.

Hinweis: Das Ergebnis kann alternativ auch in Prozentschreibweise (25 %) oder als Dezimalbruch (0,25) angegeben werden.

Pflichtteil A 1 – Aufgabe 4

Feststellung der Kennwerte der abgebildeten Rangliste:

Minimum: $x_{min} = \underline{20 \text{ kg}}$

Unteres Quartil: $n \cdot \frac{1}{4} = 13 \cdot \frac{1}{4} = 3{,}25 \notin \mathbb{Z} \quad \Rightarrow \quad q_u = x_4 = \underline{40 \text{ kg}}$

Zentralwert: $n \cdot \frac{1}{2} = 13 \cdot \frac{1}{2} = 6{,}5 \notin \mathbb{Z} \quad \Rightarrow \quad z = x_7 = \underline{90 \text{ kg}}$

Oberes Quartil: $n \cdot \frac{3}{4} = 13 \cdot \frac{3}{4} = 9{,}75 \notin \mathbb{Z} \quad \Rightarrow \quad q_o = x_{10} = \underline{120 \text{ kg}}$

Maximum: $x_{max} = \underline{180 \text{ kg}}$

NR: 13 : 4 = $\underline{3{,}25}$
−12
10
−8
20
−20
00

Überprüfung, ob die Kennwerte der drei Boxplots jeweils mit den entsprechenden Kennwerten der abgebildeten Rangliste vollständig übereinstimmen, und Feststellung, ob der jeweilige Boxplot zur Rangliste gehört oder nicht:

Bei Boxplot (A) weicht der Zentralwert $z_{(A)} = 80$ kg vom Zentralwert $z = 90$ kg der Rangliste ab.

⇒ <u>Boxplot (A) gehört nicht zur abgebildeten Rangliste.</u>

Hinweise und Tipps

Bei Boxplot (B) stimmen alle Kennwerte des Boxplots mit den entsprechenden Kennwerten der Rangliste überein.
⇒ Boxplot (B) gehört zur abgebildeten Rangliste.

Bei Boxplot (C) weicht das obere Quartil $q_{o(C)} = 110$ kg vom oberen Quartil $q_o = 120$ kg der Rangliste ab.
⇒ Boxplot (C) gehört nicht zur abgebildeten Rangliste.

Pflichtteil A 1 – Aufgabe 5

Berechnung des Terms:

$$58 \cdot 10^4 + 42 \cdot 10^4 = (58+42) \cdot 10^4 = 100 \cdot 10\,000 = 1\,000\,000$$

Hinweis: Bei diesem Lösungsweg ist alternativ auch die Nutzung der Potenzschreibweise möglich. Anstatt die Zahl 10^4 als 10 000 anzugeben, kann die Potenzschreibweise beibehalten werden und stattdessen die Zahl 100 in Potenzschreibweise 10^2 angegeben werden. Als Ergebnis erhält man 10^6.

Für die Berechnung des Terms stehen zwei alternative Vorgehensweisen zur Auswahl.

In der Musterlösung wird das Distributivgesetz genutzt. Beim alternativen Lösungsansatz werden zunächst die beiden Produkte berechnet.

Alternative Berechnung des Terms:

$$58 \cdot 10^4 + 42 \cdot 10^4 = 58 \cdot 10\,000 + 42 \cdot 10\,000 = 580\,000 + 420\,000 = 1\,000\,000$$

Ankreuzen des zum Ergebnis zugehörigen Zahlworts:

☒ 1 Million ☐ 10 Millionen ☐ 1 Milliarde

Pflichtteil A 1 – Aufgabe 6

a) **Fortführung der Pyramide bis zum siebten Muster:**

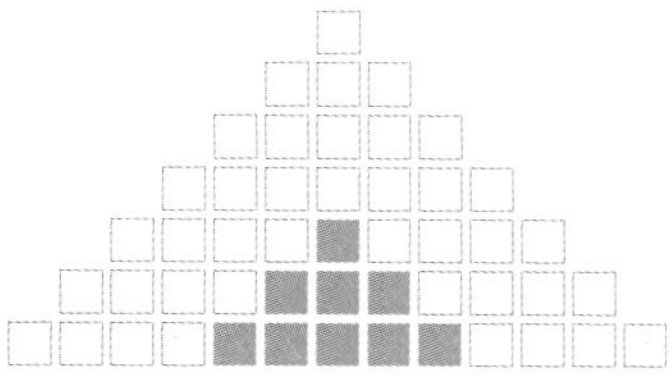

Feststellung der Anzahl der Kärtchen des siebten Musters:
49 Kärtchen

Für die Lösung der Aufgabe stehen zwei alternative Lösungsansätze zur Auswahl:

Lösungsansatz 1:
Anknüpfend an die drei abgebildeten Muster wird das siebte Muster gezeichnet. Die Anzahl der Kärtchen des siebten Musters lässt sich anschließend aus der Zeichnung entnehmen.

Lösungsansatz 2:
Zunächst wird Teilaufgabe b gelöst und die Formel für die Berechnung der Anzahl der Kärtchen bei allen Mustern erarbeitet. Mit dieser Formel wird dann die gesuchte Anzahl der Kärtchen des siebten Musters berechnet.

Die Musterlösung folgt Lösungsansatz 1.
Der interessante Lösungsansatz 2 wird im Anschluss an Teilaufgabe b als Alternative dargestellt.

Hinweise und Tipps

b) **Ermittlung der Anzahl der Kärtchen der sieben Muster:**

n (Stelle des Musters)	s (Anzahl der Kärtchen des Musters)
1	1
2	4
3	9
4	16
5	25
6	36
7	49

Die Analyse der Werte in den beiden Spalten zeigt, dass die Werte in der 2. Spalte (s) immer das Quadrat der Werte in der 1. Spalte (n) annehmen.

Damit gilt in der Tabelle: $s = n^2$

Da aus der Formulierung in der Aufgabenstellung folgt, dass „genau" eine der drei Formeln korrekt ist, folgt:

Emma sollte die Formel $\boxed{s = n^2}$ auswählen.

Alternative Lösung der Aufgabe über Lösungsansatz 2:

b) **Erarbeitung, welche Formel den Zusammenhang zwischen der Stelle des jeweiligen Musters (n) und der Anzahl bzw. Summe seiner Kärtchen (s) für alle drei abgebildeten Muster korrekt wiedergibt:**

n	s	$s = 3n - 3$	$s = n^2$	$s = n^2 + n - 2$
1	1	1 (✓)	1 (✓)	Da aus der Aufgabenstellung folgt, dass „genau" eine der drei Formeln korrekt ist, muss die Formel $s = n^2 + n - 2$ nach durchgehend positiven Ergebnissen in Spalte $s = n^2$ nicht mehr untersucht werden.
2	4	4 (✓)	4 (✓)	
3	9	7 (f)	9 (✓)	

Feststellung, welche Formel Emma auswählen sollte:

Emma sollte die Formel $\boxed{s = n^2}$ auswählen.

a) **Berechnung der Anzahl der Kärtchen des siebten Musters:**

$s = n^2 \qquad | n = 7$

$s = 7^2$

$s = 49$ Kärtchen

Pflichtteil A 1 – Aufgabe 7

Berechnung des Preises der Sportschuhe nach der ersten Rabattaktion:

$W_1 = G_1 \cdot p_1\ \%$

$W_1 = 120{,}00 \cdot 70\ \%$

$W_1 = 12\not{0}{,}00 \cdot \frac{7\not{0}}{1\not{0}\not{0}}$

$W_1 = \underline{84{,}00\ €}$

NR: **Berechnung, wie viel Prozent die Sportschuhe nach der ersten Rabattaktion noch kosten:**

$p_1\ \% = \text{urspr. Preis}\ (\%) - \text{Rabatt 1}\ (\%)$

$p_1\ \% = 100\ \% - 30\ \%$

$p_1\ \% = \underline{70\ \%}$

Berechnung des Preises der Sportschuhe nach der zweiten Rabattaktion:

$W_2 = W_1 \cdot p_2\ \%$

$W_2 = 84{,}00 \cdot 80\ \%$

$W_2 = 84{,}00 \cdot \frac{8\not{0}}{10\not{0}}$

$W_2 = \underline{67{,}20\ €}$

NR: **Berechnung, wie viel Prozent des reduzierten Preises die Sportschuhe nach der zweiten Rabattaktion noch kosten:**

$p_2\ \% = \text{vermind. Grundwert}\ (\%) - \text{Rabatt 2}\ (\%)$

$p_2\ \% = 100\ \% - 20\ \%$

$p_2\ \% = \underline{80\ \%}$

NR: $\frac{84 \cdot 8}{672}$ $\not{3}$ NR: $\frac{672}{10} = \underline{67{,}2}$

Bestimmung der Hälfte des ursprünglichen Preises der Sportschuhe:

$\text{ursprünglicher Preis} = 120{,}00\ €$

$\Rightarrow$ Hälfte des ursprünglichen Preises $= \underline{60{,}00\ €}$

Feststellung, ob Liam recht hat:

- Preis nach der zweiten Rabattaktion: 67,20 €
- Hälfte des ursprünglichen Preises: 60,00 €

$\Rightarrow$ Die beiden Preise sind nicht gleich.

$\Rightarrow$ Liam hat nicht recht.

Alternativer rechnerischer Lösungsansatz:

Ermittlung, wie viel Prozent des ursprünglichen Preises die Sportschuhe nach der ersten Rabattaktion noch kosten:

$p_1\ \% = \text{urspr. Preis}\ (\%) - \text{Rabatt 1}\ (\%)$

$p_1\ \% = 100\ \% - 30\ \% = \underline{70\ \%}$

Ermittlung, wie viel Prozent des reduzierten Preises die Sportschuhe nach der zweiten Rabattaktion noch kosten:

$p_2\ \% = \text{vermind. Grundwert}\ (\%) - \text{Rabatt 2}\ (\%)$

$p_2\ \% = 100\ \% - 20\ \% = \underline{80\ \%}$

✎ Hinweise und Tipps

Für die Klärung der Frage, ob Liam recht hat, stehen zwei rechnerische Lösungsansätze und ein Lösungsansatz über Argumentation zur Auswahl.

Lösungsansatz 1:
Zunächst wird ermittelt, was die Sportschuhe nach den beiden Rabattaktionen noch kosten. Dieser Preis wird mit der Hälfte des ursprünglichen Preises verglichen.

Lösungsansatz 2:
Zunächst wird ermittelt, wie viel Prozent des ursprünglichen Preises die Sportschuhe nach den beiden Rabattaktionen noch kosten. Dieser Prozentsatz wird mit dem der „Hälfte des ursprünglichen Preises" entsprechenden Prozentsatz verglichen.

Lösungsansatz 3:
Beim Lösungsansatz über Argumentation wird in Textform begründet, ob Liam recht hat oder nicht.

Die Musterlösung folgt Lösungsansatz 1. Der Lösungsansatz 2 wird als Alternative im Anschluss dargestellt.

✐ Hinweise und Tipps

Ermittlung, wie viel Prozent des ursprünglichen Preises die Sportschuhe nach der zweiten Rabattaktion noch kosten:

$p_3\,\% = p_1\,\% \cdot p_2\,\%$

$p_3\,\% = 70\,\% \cdot 80\,\%$

$p_3\,\% = \frac{70}{100} \cdot \frac{80}{100}$

$p_3\,\% = \frac{56}{100} = \underline{56\,\%}$

Feststellung, ob Liam recht hat:

Liam behauptet, dass die Sportschuhe nach der zweiten Rabattaktion „nur noch die Hälfte des ursprünglichen Preises“ kosten. Dies entspricht 50 % des ursprünglichen Preises.
Tatsächlich aber kosten die Schuhe 56 % des ursprünglichen Preises.

$\Rightarrow$ Liam hat nicht recht.

Pflichtteil A 2 – Aufgabe 1

Skizze:

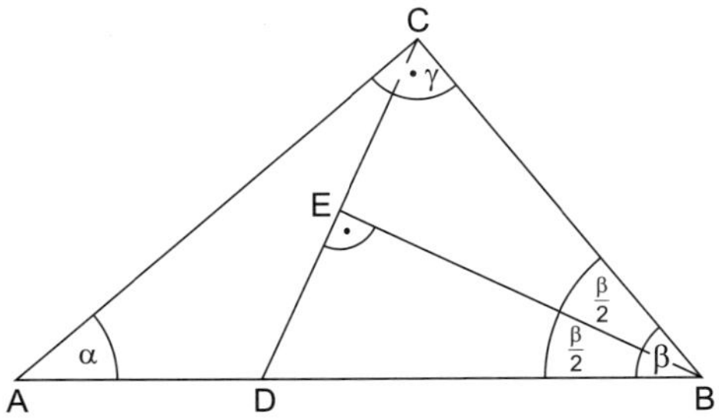

1. Berechnung von $\overline{AD}$

Berechnung von $\overline{AB}$:

$\cos\alpha = \frac{\overline{AC}}{\overline{AB}} \quad | \cdot \overline{AB}$

$\overline{AB} \cdot \cos\alpha = \overline{AC} \quad | : \cos\alpha$

$\overline{AB} = \frac{\overline{AC}}{\cos\alpha}$

$\overline{AB} = \frac{9{,}5}{\cos 40{,}0°}$

$\overline{AB} = \underline{12{,}4\text{ cm}}$

Berechnung von $\overline{BD}$ über $\overline{BC}$:

$\tan\alpha = \frac{\overline{BC}}{\overline{AC}} \quad | \cdot \overline{AC}$

$\overline{BC} = \overline{AC} \cdot \tan\alpha$

$\overline{BC} = 9{,}5 \cdot \tan 40{,}0°$

$\overline{BC} = \underline{7{,}97\text{ cm}} \quad | \, \overline{BD} = \overline{BC}$

$\overline{BD} = \underline{7{,}97\text{ cm}}$

Hinweise und Tipps

Berechnung von $\overline{AD}$:

$\overline{AD} = \overline{AB} - \overline{BD}$

$\overline{AD} = 12{,}4 - 7{,}97$

$\overline{AD} = \underline{4{,}43\text{ cm}}$

2. Berechnung von $\overline{DC}$

Bestimmung der Größe von Winkel CBE und von Winkel EBD in Abhängigkeit von Winkel β:

Dreieck DBC ist gleichschenklig mit den Schenkeln BC und BD.

⇒ Das Lot von Punkt B auf Seite DC halbiert Winkel β.

⇒ $\sphericalangle CBE = \frac{\beta}{2}$

⇒ $\sphericalangle EBD = \frac{\beta}{2}$

Berechnung von Winkel β und von $\frac{\beta}{2}$:

$\alpha + \beta + \gamma = 180° \quad | -(\alpha + \gamma)$

$\beta = 180° - (\alpha + \gamma)$

$\beta = 180° - (40{,}0° + 90°)$

$\beta = \underline{50{,}0°}$

⇒ $\frac{\beta}{2} = \underline{25{,}0°}$

Berechnung von $\overline{DE}$:

$\sin\frac{\beta}{2} = \frac{\overline{DE}}{\overline{BD}} \quad | \cdot \overline{BD}$

$\overline{DE} = \overline{BD} \cdot \sin\frac{\beta}{2}$

$\overline{DE} = 7{,}97 \cdot \sin 25{,}0°$

$\overline{DE} = \underline{3{,}37\text{ cm}}$

Bestimmung von $\overline{DC}$:

Dreieck DBC ist gleichschenklig mit den Schenkeln BC und BD.

⇒ Lotfußpunkt E des Lots von Punkt B auf Seite DC ist Mittelpunkt von Seite DC.

⇒ $\overline{EC} = \overline{DE}$

⇒ $\overline{DC} = 2 \cdot \overline{DE} = 2 \cdot 3{,}37 = \underline{6{,}74\text{ cm}}$

3. Berechnung des Umfangs u_{ADC} von Dreieck ADC:

$u_{ADC} = \overline{AD} + \overline{DC} + \overline{AC}$

$u_{ADC} = 4{,}43 + 6{,}74 + 9{,}5$

$u_{ADC} = 20{,}67\text{ cm}$

$u_{ADC} = \underline{\underline{20{,}7\text{ cm}}}$

✎ Hinweise und Tipps

Pflichtteil A 2 – Aufgabe 2

Skizze:

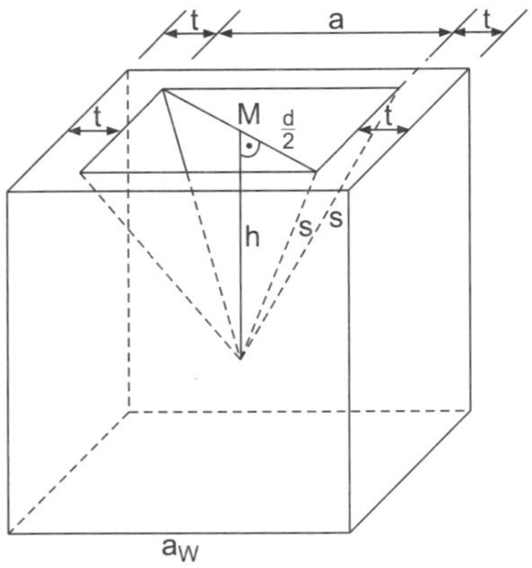

Berechnung des Volumens V_W des eingeschmolzenen Wachses:

$$V_W = 1\,000 \cdot \frac{4}{3} \cdot \pi r^3$$

$$V_W = 1\,000 \cdot \frac{4}{3} \cdot \pi \cdot 1{,}5^3$$

$$V_W = \underline{14\,137{,}17\text{ cm}^3}$$

Berechnung des Volumens V_P der Pyramide:

$$V_P = \frac{1}{3} \cdot a^2 \cdot h$$

$$V_P = \frac{1}{3} \cdot 8{,}0^2 \cdot 7{,}0$$

$$V_P = \underline{149{,}33\text{ cm}^3}$$

NR: **Berechnung von Pyramidengrundkante a:**

$$a = a_W - 2t$$

$$a = 10{,}0 - 2 \cdot 1{,}0$$

$$a = \underline{8{,}0\text{ cm}}$$

NR: **Berechnung von Pyramidenhöhe h:**

$$\left(\frac{d}{2}\right)^2 + h^2 = s^2 \qquad \left| -\left(\frac{d}{2}\right)^2\right.$$

$$h^2 = s^2 - \left(\frac{d}{2}\right)^2 \qquad | \, d = a\sqrt{2}$$

$$h^2 = s^2 - \left(\frac{a\sqrt{2}}{2}\right)^2$$

$$h^2 = 9{,}0^2 - \left(\frac{8{,}0 \cdot \sqrt{2}}{2}\right)^2 \qquad | \sqrt{\ }$$

$$h = \underline{7{,}0\text{ cm}}$$

Ermittlung, wie viele Pyramiden aus dem eingeschmolzenen Wachs gegossen werden können:

$$\frac{V_W}{V_P} = \frac{14\,137{,}17}{149{,}33} = \underline{94{,}67}$$

⇒ Mit dem eingeschmolzenen Wachs können $\underline{\underline{\text{94 Pyramiden}}}$ gegossen werden.

✐ Hinweise und Tipps

Pflichtteil A 2 – Aufgabe 3

$(x+2)(x-4)-x=2(x-3)^2-12$	Klammern auflösen
$x^2-4x+2x-8-x=2(x^2-6x+9)-12$	Zusammenfassen; Klammer auflösen
$x^2-3x-8=2x^2-12x+18-12$	$-x^2$; $+3x$; $+8$

$$x^2-9x+14=0$$

$$x_{1/2}=-\frac{p}{2}\pm\sqrt{\left(\frac{p}{2}\right)^2-q}$$

$$x_{1/2}=-\frac{-9}{2}\pm\sqrt{\left(\frac{-9}{2}\right)^2-14}$$

$$x_{1/2}=4,5\pm\sqrt{20,25-14}$$

$$x_{1/2}=4,5\pm\sqrt{6,25}$$

$$x_{1/2}=4,5\pm2,5$$

$$x_1=\underline{\underline{7}}$$

$$x_2=\underline{\underline{2}}$$

bzw. optional: $L=\underline{\underline{\{2;\,7\}}}$

Pflichtteil A 2 – Aufgabe 4

Skizze:

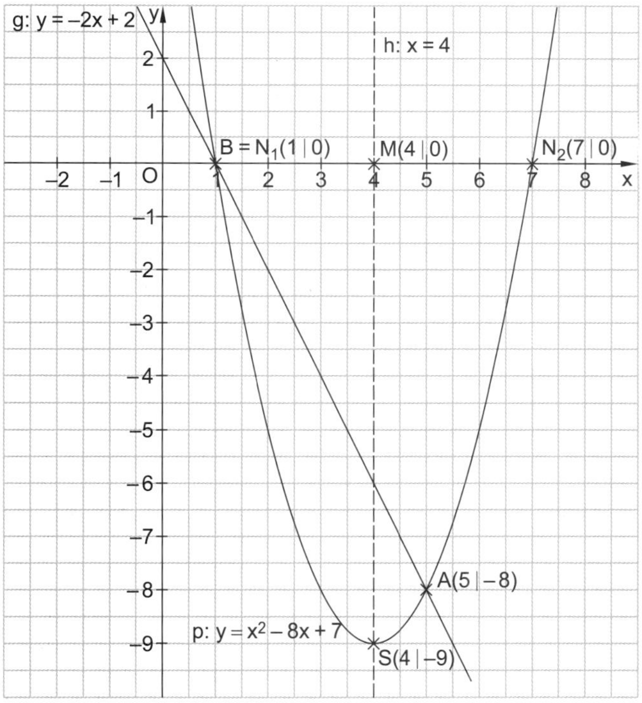

Hinweise zur Ermittlung der Funktionsgleichung von Parabel p:
Parabel p ist eine verschobene, nach oben offene Normalparabel. Ihre Gleichung lässt sich ausgehend von einem Gleichungssystem mit zwei Gleichungen ermitteln.

Lösungsansatz 1:
Die Funktionsgleichung von Parabel p wird ausgehend von einem Gleichungssystem mit zwei Gleichungen ermittelt. Dazu werden die Koordinaten zweier auf Parabel p liegender Punkte der Zeichnung entnommen (in der Musterlösung: Koordinaten der Schnittpunkte N_1 und N_2 von Parabel p mit der x-Achse).

Lösungsansatz 2:
Zunächst werden die Koordinaten des Scheitelpunkts von Parabel p bestimmt. Mit diesen wird anschließend die Funktionsgleichung von Parabel p über die Scheitelform quadratischer Funktionen aufgestellt.

Hinweis: Die Teilaufgaben 1 und 3 lassen sich neben den dargestellten klassischen Lösungswegen auch mit im Mathematikunterricht der Realschule zugelassenen elektronischen Taschenrechnern (wissenschaftlich, nicht programmierbar) lösen.

1. Ermittlung der Funktionsgleichung von Parabel p
Berechnung von b und c:

		$y=x^2+bx+c$	
(1)	$N_1(1\,\vert\,0)$:	$0=1^2+b\cdot1+c$	
(2)	$N_2(7\,\vert\,0)$:	$0=7^2+b\cdot7+c$	
(1')		$0=1+b+c$	$(2')-(1')$
(2')		$0=49+7b+c$	

Alternativ kann das übliche Vorgehen gewählt werden und zunächst Gleichung (1') mit –1 multipliziert werden, um anschließend beide Gleichungen zu addieren.

✎ Hinweise und Tipps

$0 = 48 + 6b \quad | -48$

$6b = -48 \quad | :6$

$b = \underline{-8}$

$b = -8$ in (1'): $\quad 0 = 1 - 8 + c \quad | +7$

$c = \underline{7}$

Bestimmung der Funktionsgleichung von Parabel p:

p: $y = x^2 + bx + c$

p: $\underline{\underline{y = x^2 - 8x + 7}}$ bzw. alternativ: p: $\underline{\underline{y = (x-4)^2 - 9}}$

Alternativer Lösungsweg zur Ermittlung der Funktionsgleichung von Parabel p

1. Ermittlung der Koordinaten des Scheitelpunkts S von Parabel p

- Mittelpunkt M von Strecke N_1N_2:

$$M\left(\frac{x_{N_2} + x_{N_1}}{2} \middle| 0\right) = M\left(\frac{7+1}{2} \middle| 0\right) = \underline{M(4|0)}$$

- $\overline{N_1M} = \overline{MN_2} = \underline{3\text{ LE}}$

Feststellung der x-Koordinate von Scheitelpunkt S:

$x_S = x_M = \underline{4}$

Berechnung der y-Koordinate von Scheitelpunkt S:

$y_S = y_M - \overline{N_1M}^2$

$y_S = 0 - 3^2$

$y_S = \underline{-9} \qquad \Rightarrow \quad \underline{S(4|-9)}$

2. Berechnung der Funktionsgleichung von Parabel p

p: $y = (x-d)^2 + e \quad |S(4|-9) \quad \Rightarrow \quad d = 4;\ e = -9$

p: $\underline{\underline{y = (x-4)^2 - 9}}$

bzw. alternativ:

p: $y = x^2 - 8x + 16 - 9$

p: $\underline{\underline{y = x^2 - 8x + 7}}$

2. Ergänzung der fehlenden y-Werte in der Wertetabelle:

x	–3	–2	–1	0
y	40	27	16	7

NR: **Beispiel für die Berechnung der fehlenden y-Werte anhand von x = –3:**

$y = x^2 - 8x + 7 \quad | x = -3$

$y = (-3)^2 - 8 \cdot (-3) + 7$

$y = \underline{40}$

3. Berechnung der Koordinaten der Schnittpunkte A und B von Gerade g und Parabel p

$p = g$

$x^2 - 8x + 7 = -2x + 2 \quad | +2x;\ -2$

$x^2 - 6x + 5 = 0$

✎ Hinweise und Tipps

$x_{1/2} = -\frac{p}{2} \pm \sqrt{\left(\frac{p}{2}\right)^2 - q}$

$x_{1/2} = -\frac{-6}{2} \pm \sqrt{\left(\frac{-6}{2}\right)^2 - 5}$

$x_{1/2} = 3 \pm \sqrt{4}$

$x_{1/2} = 3 \pm 2$

$x_1 = \underline{5}$

$x_2 = \underline{1}$

$x_1 = 5$ in g: $y = -2 \cdot 5 + 2$

$y = -8 \quad \Rightarrow \quad \underline{\underline{A(5\,|\,-8)}}$

$x_2 = 1$ in g: $y = -2 \cdot 1 + 2$

$y = \underline{0} \quad \Rightarrow \quad \underline{\underline{B(1\,|\,0)}}$ (Damit ist Punkt B identisch mit Punkt N_1.)

Pflichtteil A 2 – Aufgabe 5

Skizze: teilweise dargestelltes Baumdiagramm:

Zur besseren Übersicht empfiehlt es sich, den Sachverhalt in einem Teil-Baumdiagramm zu visualisieren.

Bei der Ermittlung der Wahrscheinlichkeiten beachten wir, dass es sich beim Ziehen zweier Lose um einen abhängigen Zufallsversuch bzw. um zweimaliges Ziehen ohne Zurücklegen handelt.

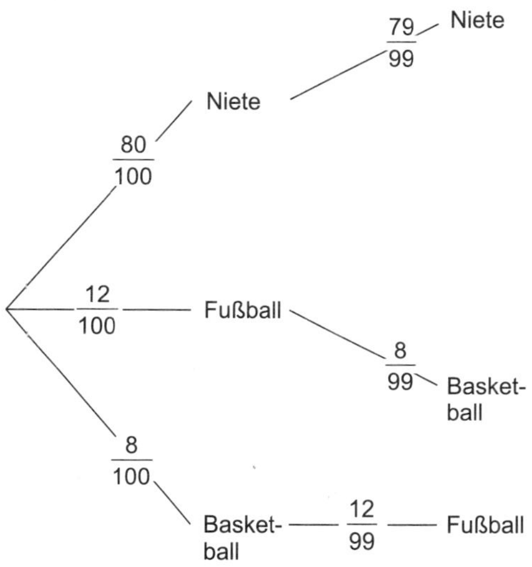

Ermittlung der Gesamtzahl n der Lose:

n = 12 Lose für Fußbälle + 8 Lose für Basketbälle + 80 Lose für Nieten = $\underline{100}$

1. Berechnung der Wahrscheinlichkeit, dass Francesca zwei Nieten zieht

P(zwei Nieten) = P(Niete; Niete)

P(zwei Nieten) $= \frac{80}{100} \cdot \frac{79}{99}$

P(zwei Nieten) $= \underline{\underline{\frac{316}{495}}}$

P(zwei Nieten) = 63,84 % = $\underline{\underline{63{,}8\ \%}}$

A: Die Wahrscheinlichkeit, dass Francesca zwei Nieten zieht, beträgt $\frac{316}{495}$ bzw. 63,8 %.

Hinweise und Tipps

2. Berechnung der Wahrscheinlichkeit, dass Francesca einen Fußball und einen Basketball gewinnt

P(ein Fußball und ein Basketball) = P(Fußball; Basketball) + P(Basketball; Fußball)

$$P(\text{ein Fußball und ein Basketball}) = \frac{12}{100} \cdot \frac{8}{99} + \frac{8}{100} \cdot \frac{12}{99}$$

$$P(\text{ein Fußball und ein Basketball}) = \underline{\underline{\frac{16}{825}}}$$

$$P(\text{ein Fußball und ein Basketball}) = 1{,}94\ \% = \underline{\underline{1{,}9\ \%}}$$

A: Die Wahrscheinlichkeit, dass Francesca einen Fußball und einen Basketball gewinnt, beträgt $\frac{16}{825}$ bzw. 1,9 %.

Pflichtteil A 2 – Aufgabe 6

1. Berechnung, um wie viel Prozent die Paketzustellungen von 2014 bis 2019 insgesamt zugenommen haben

$$W_1 = G_{2014} \cdot p_1\ \% \qquad |: G_{2014}$$

$$p_1\ \% = \frac{W_1}{G_{2014}}$$

$$p_1\ \% = \frac{0{,}87\ \text{Mrd.}}{2{,}78\ \text{Mrd.}}$$

$$p_1\ \% = 31{,}29\ \%$$

$$p_1\ \% = \underline{\underline{31{,}3\ \%}}$$

NR: **Berechnung der absoluten Zunahme der Paketzustellungen von 2014 bis 2019:**

$$W_1 = \text{Anzahl}_{2019} - \text{Anzahl}_{2014}$$

$$W_1 = 3{,}65\ \text{Mrd.} - 2{,}78\ \text{Mrd.}$$

$$W_1 = \underline{0{,}87\ \text{Mrd. Pakete}}$$

A: Die Paketzustellungen haben von 2014 bis 2019 um insgesamt 31,3 % zugenommen.

Hinweise zur Berechnung, um wie viel Prozent die Paketzustellungen von 2014 bis 2019 insgesamt zugenommen haben:
Für die Berechnung des gesuchten Prozentsatzes stehen alternativ der Dreisatz oder die Grundformel der Prozentrechnung zur Verfügung. Ein dritter, eher unüblicher Lösungsansatz führt über die Wachstumsformel mit Faktor q.

Bei den beiden erstgenannten Verfahren stehen jeweils zwei Varianten zur Auswahl.
Zum einen kann in einem ersten Schritt die absolute Zunahme der Paketzustellungen ermittelt werden. Anschließend wird dann die gesuchte prozentuale Zunahme berechnet.
Zum anderen kann in einem ersten Schritt der Prozentsatz zum vermehrten Grundwert (im vorliegenden Fall die Anzahl der Paketzustellungen in 2019) ermittelt werden. Den Wert der prozentualen Zunahme erhält man anschließend über die Differenz aus dem ermittelten Prozentsatz zum vermehrten Grundwert und dem Prozentsatz zum Grundwert (100 %).
In der Musterlösung werden die Grundformel der Prozentrechnung und Variante 1 verwendet.

2. Berechnung, wie viele Pakete im Jahr 2019 von DHL zugestellt wurden

$$W_2 = G_{2019} \cdot p_2\ \%$$

$$W_2 = 3{,}65\ \text{Mrd.} \cdot 57{,}0\ \%$$

$$W_2 = \underline{\underline{2{,}08\ \text{Mrd. Pakete}}}$$

A: DHL stellte 2,08 Mrd. Pakete im Jahr 2019 zu.

Hinweise zur Berechnung, wie viele Pakete im Jahr 2019 von DHL zugestellt wurden:
Für die Klärung der Frage stehen alternativ die Grundformel der Prozentrechnung oder der Dreisatz zur Auswahl.

3. Eintrag der Werte für die Jahre 2020 und 2021 in das in der Aufgabenstellung abgebildete Diagramm

Berechnung der Anzahl der im Jahr 2020 zugestellten Pakete:

$$G_{2020} = G_{2019} \cdot q_{2020}$$

$$G_{2020} = 3{,}65\ \text{Mrd.} \cdot 1{,}097$$

$$G_{2020} = \underline{\underline{4{,}0\ \text{Mrd. Pakete}}}$$

Hinweise zum Eintrag der Werte für die Jahre 2020 und 2021 in das in der Aufgabenstellung abgebildete Diagramm:
Zunächst ist die jeweilige Anzahl der in den Jahren 2020 und 2021 zugestellten Pakete zu ermitteln.
Alternativ stehen für beide Berechnungen der Dreisatz, die Grundformel der Prozentrechnung sowie die Formel für exponentielles Wachstum mit Faktor q zur Auswahl.
In der Musterlösung wird die Formel für exponentielles Wachstum mit Faktor q genutzt.

Hinweise und Tipps

NR: **Berechnung von q_{2020}:**

$$q_{2020} = 1 + \frac{p_{2020}}{100}$$

$$q_{2020} = 1 + \frac{9,7}{100}$$

$$q_{2020} = \underline{1,097}$$

Berechnung der Anzahl der im Jahr 2021 zugestellten Pakete:

$$G_{2021} = G_{2020} \cdot q_{2021}$$

$$G_{2021} = 4,0 \text{ Mrd.} \cdot 1,125$$

$$G_{2021} = \underline{\underline{4,5 \text{ Mrd. Pakete}}}$$

NR: **Berechnung von q_{2021}:**

$$q_{2021} = 1 + \frac{p_{2021}}{100}$$

$$q_{2021} = 1 + \frac{12,5}{100}$$

$$q_{2021} = \underline{1,125}$$

Eintrag der Werte für die Jahre 2020 und 2021 in das in der Aufgabenstellung abgebildete Diagramm:

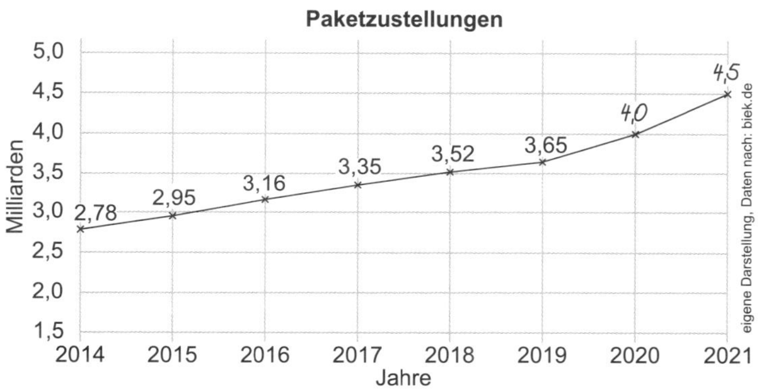

Wahlteil B – Aufgabe 1 a

Skizze:

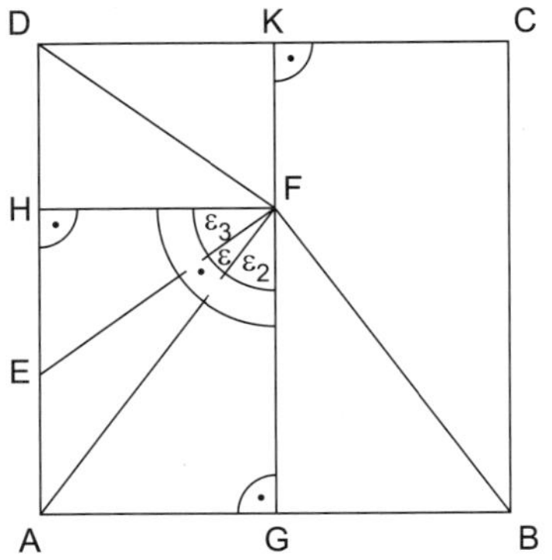

1. Berechnung des Flächeninhalts A_{AFE} von Dreieck AFE

Ermittlung von $\overline{FH}$ über $\overline{AG}$:

Dreieck ABF ist gleichschenklig mit den Schenkeln AF und BF.

⇒ Lotfußpunkt G des Lots von Punkt F auf Strecke AB halbiert Strecke AB.

⇒ $\overline{AG} = \frac{\overline{AB}}{2} = \frac{14,0}{2} = \underline{7,0 \text{ cm}}$ | $\overline{FH} = \overline{AG}$; Eigenschaften des Rechtecks AGFH

⇒ $\overline{FH} = \underline{7,0 \text{ cm}}$

Berechnung von $\overline{GF}$:

$$\overline{AG}^2 + \overline{GF}^2 = \overline{AF}^2 \quad |-\overline{AG}^2$$

$$\overline{GF}^2 = \overline{AF}^2 - \overline{AG}^2$$

$$\overline{GF}^2 = 12,0^2 - 7,0^2 \quad |\sqrt{\ }$$

$$\overline{GF} = \underline{9,75 \text{ cm}}$$

Berechnung von $\overline{DH}$ über $\overline{FK}$:

$\overline{FK} = \overline{GK} - \overline{GF}$ | $\overline{GK} = \overline{DA} = \overline{AB}$; Eigenschaften des Rechtecks AGKD und des Quadrats ABCD

$\overline{FK} = 14,0 - 9,75$

$\overline{FK} = \underline{4,25 \text{ cm}}$ | $\overline{DH} = \overline{FK}$; Eigenschaften des Rechtecks HFKD

$\overline{DH} = \underline{4,25 \text{ cm}}$

Ermittlung von $\overline{DE}$:

Dreieck DEF ist gleichschenklig mit den Schenkeln EF und DF.

⇒ Lotfußpunkt H des Lots von Punkt F auf Strecke DE ist Mittelpunkt von Strecke DE.

⇒ $\overline{HE} = \overline{DH} = \underline{4,25 \text{ cm}}$

⇒ $\overline{DE} = 2 \cdot \overline{DH} = 2 \cdot 4,25 = \underline{8,5 \text{ cm}}$

Berechnung von $\overline{EA}$:

$\overline{EA} = \overline{DA} - \overline{DE}$ | $\overline{DA} = \overline{AB}$; Eigenschaften des Quadrats ABCD

$\overline{EA} = 14,0 - 8,5$

$\overline{EA} = \underline{5,5 \text{ cm}}$

✎ Hinweise und Tipps

Skizze:

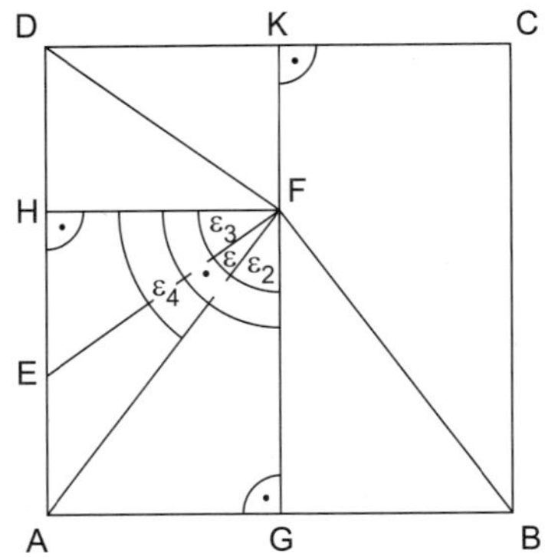

1. Berechnung des Flächeninhalts A_{AFE} von Dreieck AFE

Für die Ermittlung des Flächeninhalts von Dreieck AFE stehen zwei alternative Lösungsansätze zur Verfügung:

Lösungsansatz 1:
Der Flächeninhalt von Dreieck AFE wird direkt mit der Flächeninhaltsformel für Dreiecke berechnet. Dieser Lösungsansatz bietet mehrere Varianten.

Lösungsansatz 2:
Der Flächeninhalt von Dreieck AFE wird über die Differenz aus dem Flächeninhalt von Dreieck AFH und dem Flächeninhalt von Dreieck EFH ermittelt.

Die Musterlösung folgt Lösungsansatz 1.

Variante zur Musterlösung:
Der Lösungsansatz lässt sich noch verkürzen, wenn man die Kongruenz der Dreiecke HEF, HFD und DFK nutzt.
Man erhält $\overline{HE} = \overline{FK}$ und zusammen mit den Eigenschaften von Rechteck AGFH folgt:

$$A_{AFE} = \frac{1}{2}\overline{EA} \cdot \overline{FH}$$

$$A_{AFE} = \frac{1}{2}(\overline{HA} - \overline{HE}) \cdot \overline{AG}$$

$$A_{AFE} = \frac{1}{2}(\overline{GF} - \overline{FK}) \cdot \overline{AG}$$

2. Berechnung von Winkel ε

Für die Ermittlung von Winkel ε bieten sich zwei alternative Lösungsansätze an:

Lösungsansatz 1:
Berechnung von Winkel ε anhand der Winkel ∢HFG, ε_2 und ε_3.

Lösungsansatz 2:
Berechnung von Winkel ε anhand der Winkel ε_4 und ε_3.

Die Musterlösung folgt Lösungsansatz 1.

Hinweise und Tipps

Berechnung des Flächeninhalts A_{AFE} von Dreieck AFE:

$A_{AFE} = \frac{1}{2} \cdot \overline{EA} \cdot \overline{FH}$

$A_{AFE} = \frac{1}{2} \cdot 5{,}5 \cdot 7{,}0$

$A_{AFE} = 19{,}25 \text{ cm}^2$

$A_{AFE} = \underline{\underline{19{,}3 \text{ cm}^2}}$

2. Berechnung von Winkel ε

Bestimmung von Winkel HFG:

$\sphericalangle HFG = \underline{90{,}0°}$ | Eigenschaften des Rechtecks AGFH

Berechnung von Winkel ε_2:

$\sin \varepsilon_2 = \frac{\overline{AG}}{\overline{AF}}$

$\sin \varepsilon_2 = \frac{7{,}0}{12{,}0}$

$\varepsilon_2 = \underline{35{,}69°}$

Berechnung von Winkel ε_3:

$\tan \varepsilon_3 = \frac{\overline{HE}}{\overline{FH}}$

$\tan \varepsilon_3 = \frac{4{,}25}{7{,}0}$

$\varepsilon_3 = \underline{31{,}26°}$

Berechnung von Winkel ε:

$\varepsilon = \sphericalangle HFG - (\varepsilon_2 + \varepsilon_3)$

$\varepsilon = 90{,}0° - (35{,}69° + 31{,}26°)$

$\varepsilon = 23{,}05°$

$\varepsilon = \underline{\underline{23{,}1°}}$

Wahlteil B – Aufgabe 1 b

Skizze:

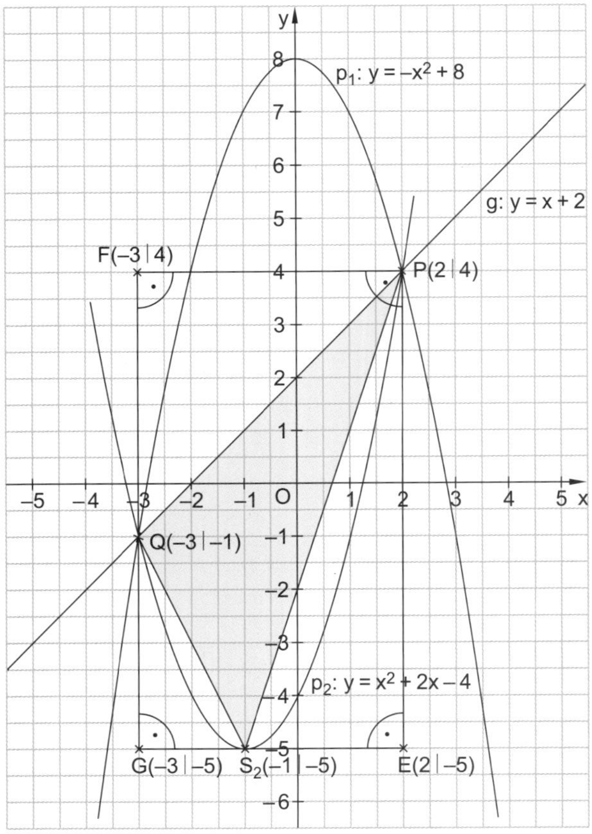

1. Berechnung der Koordinaten der Schnittpunkte P und Q von Parabel p_1 und Gerade g

$$p_1 = g$$

$$-x^2 + 8 = x + 2 \qquad |+x^2; -8$$

$$x^2 + x - 6 = 0$$

$$x_{1/2} = -\frac{p}{2} \pm \sqrt{\left(\frac{p}{2}\right)^2 - q}$$

$$x_{1/2} = -\frac{1}{2} \pm \sqrt{\left(\frac{1}{2}\right)^2 + 6}$$

$$x_{1/2} = -\frac{1}{2} \pm \sqrt{6,25}$$

$$x_{1/2} = -0,5 \pm 2,5$$

$$x_1 = \underline{2}$$

$$x_2 = \underline{-3}$$

$x_1 = 2$ in g: $y = 2 + 2 = \underline{4} \Rightarrow \underline{\underline{P(2\,|\,4)}}$

$x_2 = -3$ in g: $y = -3 + 2 = \underline{-1} \Rightarrow \underline{\underline{Q(-3\,|\,-1)}}$

✎ Hinweise und Tipps

Hinweise für die Berechnung der Koordinaten der Schnittpunkte P und Q von Parabel p_1 und Gerade g:

Hinweis: Die Koordinaten der Schnittpunkte P und Q lassen sich neben dem in der Musterlösung dargestellten klassischen Lösungsweg auch mit im Mathematikunterricht der Realschule zugelassenen elektronischen Taschenrechnern (wissenschaftlich, nicht programmierbar) ermitteln.

Hinweise für die Untersuchung, ob Robin recht hat:

Um feststellen und begründen zu können, ob Robin recht hat, untersuchen wir, ob Dreieck PQS_2 einen rechten Winkel hat oder nicht.

Zunächst springt der Lösungsansatz über die Berechnung der einzelnen Innenwinkel von Dreieck PQS_2 ins Auge.
Bei der Berechnung der einzelnen Winkel entstehen allerdings nichtabbrechende Werte, sodass dieser Ansatz – streng genommen – den Ansprüchen an eine mathematische Beweisführung nicht vollumfänglich gerecht wird.

Es bieten sich zwei Alternativen an:

- Bei Lösungsansatz 1 wird die Umkehrung des Satzes von Pythagoras genutzt.
- Bei Lösungsansatz 2 wird die Regel genutzt, dass zwei Geraden genau dann senkrecht zueinander stehen, wenn für das Produkt ihrer Steigungsfaktoren m_1 und m_2 gilt: $m_1 \cdot m_2 = -1$

Die Musterlösung folgt Lösungsansatz 1. Der zweite Lösungsansatz wird als Alternative zusätzlich dargestellt.

Hinweise und Tipps

2. Berechnung der Koordinaten des Scheitelpunkts S_2 von Parabel p_2

Berechnung der Funktionsgleichung von Parabel p_2:

$$y = x^2 + bx + c$$

(1) P(2 | 4): $4 = 2^2 + b \cdot 2 + c$

(2) Q(−3 | −1): $-1 = (-3)^2 + b \cdot (-3) + c$

(1') $4 = 4 + 2b + c$ $\quad |\,(1') - (2')$

(2') $-1 = 9 - 3b + c$

$5 = -5 + 5b \quad |+5$

$5b = 10 \quad |:5$

$b = \underline{2}$

b = 2 in (1'): $4 = 4 + 2 \cdot 2 + c \quad |-8$

$c = \underline{-4}$

Alternativ kann das übliche Vorgehen gewählt werden und zunächst Gleichung (2') mit −1 multipliziert werden, um anschließend beide Gleichungen zu addieren.

Bestimmung der Funktionsgleichung von Parabel p_2:

p_2: $y = x^2 + bx + c$

p_2: $\underline{y = x^2 + 2x - 4}$

Berechnung der Koordinaten des Scheitelpunkts S_2 von Parabel p_2:

$y = x^2 + 2x - 4 \quad |$ quadratisch ergänzen

$y = x^2 + 2x + 1^2 - 4 - 1^2$

$y = (x+1)^2 - 5$

$\Rightarrow \underline{\underline{S_2(-1 | -5)}}$

3. Untersuchung, ob Robin recht hat

(Lösungsansatz über die Umkehrung des Satzes von Pythagoras)

3.1 Berechnung der Flächeninhalte der Quadrate über den Seiten von Dreieck PQS_2:

Berechnung von $\overline{S_2P}^2$:

$\overline{S_2P}^2 = \overline{S_2E}^2 + \overline{EP}^2$

$\overline{S_2P}^2 = 3^2 + 9^2$

$\overline{S_2P}^2 = \underline{90\text{ FE}}$

NR: **Ermittlung von $\overline{S_2E}$:**

$\overline{S_2E} = |x_{S_2}| + |x_E|$

$\overline{S_2E} = |-1| + |2|$

$\overline{S_2E} = \underline{3\text{ LE}}$

NR: **Ermittlung von $\overline{EP}$:**

$\overline{EP} = |y_E| + |y_P|$

$\overline{EP} = |-5| + |4|$

$\overline{EP} = \underline{9\text{ LE}}$

Berechnung von $\overline{PQ}^2$:

$\overline{PQ}^2 = \overline{PF}^2 + \overline{FQ}^2$

$\overline{PQ}^2 = 5^2 + 5^2$

$\overline{PQ}^2 = \underline{50\text{ FE}}$

Hinweise und Tipps

NR: **Ermittlung von $\overline{PF}$:**

$\overline{PF} = |x_P| + |x_F|$

$\overline{PF} = |2| + |-3|$

$\overline{PF} = \underline{5\ LE}$

NR: **Ermittlung von $\overline{FQ}$:**

$\overline{FQ} = |y_F| + |y_Q|$

$\overline{FQ} = |4| + |-1|$

$\overline{FQ} = \underline{5\ LE}$

Berechnung von $\overline{QS_2}^2$:

$\overline{QS_2}^2 = \overline{QG}^2 + \overline{GS_2}^2$

$\overline{QS_2}^2 = 4^2 + 2^2$

$\overline{QS_2}^2 = \underline{20\ FE}$

NR: **Ermittlung von $\overline{QG}$:**

$\overline{QG} = |y_G| - |y_Q|$

$\overline{QG} = |-5| - |-1|$

$\overline{QG} = \underline{4\ LE}$

NR: **Ermittlung von $\overline{GS_2}$:**

$\overline{GS_2} = |x_G| - |x_{S_2}|$

$\overline{GS_2} = |-3| - |-1|$

$\overline{GS_2} = \underline{2\ LE}$

3.2 Aufstellen des Satzes von Pythagoras in Dreieck PQS_2:

Da der Wert von $\overline{S_2P}^2$ größer als die Werte von $\overline{PQ}^2$ und $\overline{QS_2}^2$ ist, ist Seite S_2P die längste Seite von Dreieck PQS_2.
Wenn Dreieck PQS_2 rechtwinklig wäre, müsste folglich gelten:
$\overline{S_2P}^2 = \overline{PQ}^2 + \overline{QS_2}^2$.

3.3 Überprüfung, ob die Gleichung gilt, und Feststellung, ob Robin recht hat:

$\overline{S_2P}^2 \stackrel{?}{=} \overline{PQ}^2 + \overline{QS_2}^2$

$90\ FE \stackrel{?}{=} 50\ FE + 20\ FE$

$\underline{90\ FE \neq 70\ FE}$

$\Rightarrow$ Dreieck PQS_2 ist nicht rechtwinklig.

$\Rightarrow$ Robin hat nicht recht.

Alternativer Lösungsansatz über die Regel „$m_1 \cdot m_2 = -1$"

1. Ermittlung der Steigungen der drei Geraden PQ, QS_2 und S_2P

Steigung von Gerade PQ:

$m_{PQ} = m_g = \underline{1}$

Steigung von Gerade QS_2:

$$m_{QS_2} = \frac{y_{S_2} - y_Q}{x_{S_2} - x_Q} = \frac{-5-(-1)}{-1-(-3)} = \frac{-4}{2} = \underline{-2}$$

Steigung von Gerade S_2P:

$$m_{S_2P} = \frac{y_P - y_{S_2}}{x_P - x_{S_2}} = \frac{4-(-5)}{2-(-1)} = \frac{9}{3} = \underline{3}$$

✓ Hinweise und Tipps

2. Untersuchung, ob einer der drei Winkel von Dreieck PQS_2 ein rechter Winkel ist

Untersuchung von Winkel QPS_2:

$$m_{PQ} \cdot m_{S_2P} \overset{?}{=} -1$$

$$1 \cdot 3 \overset{?}{=} -1$$

$$3 \neq -1 \quad \Rightarrow \quad \underline{\sphericalangle QPS_2 \text{ ist kein rechter Winkel.}}$$

Untersuchung von Winkel S_2QP:

$$m_{QS_2} \cdot m_{PQ} \overset{?}{=} -1$$

$$-2 \cdot 1 \overset{?}{=} -1$$

$$-2 \neq -1 \quad \Rightarrow \quad \underline{\sphericalangle S_2QP \text{ ist kein rechter Winkel.}}$$

Untersuchung von Winkel PS_2Q:

$$m_{QS_2} \cdot m_{S_2P} \overset{?}{=} -1$$

$$-2 \cdot 3 \overset{?}{=} -1$$

$$-6 \neq -1 \quad \Rightarrow \quad \underline{\sphericalangle PS_2Q \text{ ist kein rechter Winkel.}}$$

3. Feststellung, ob Robin recht hat

Dreieck PQS_2 ist nicht rechtwinklig ⇒ Robin hat nicht recht.

Wahlteil B – Aufgabe 2 a

Skizze:

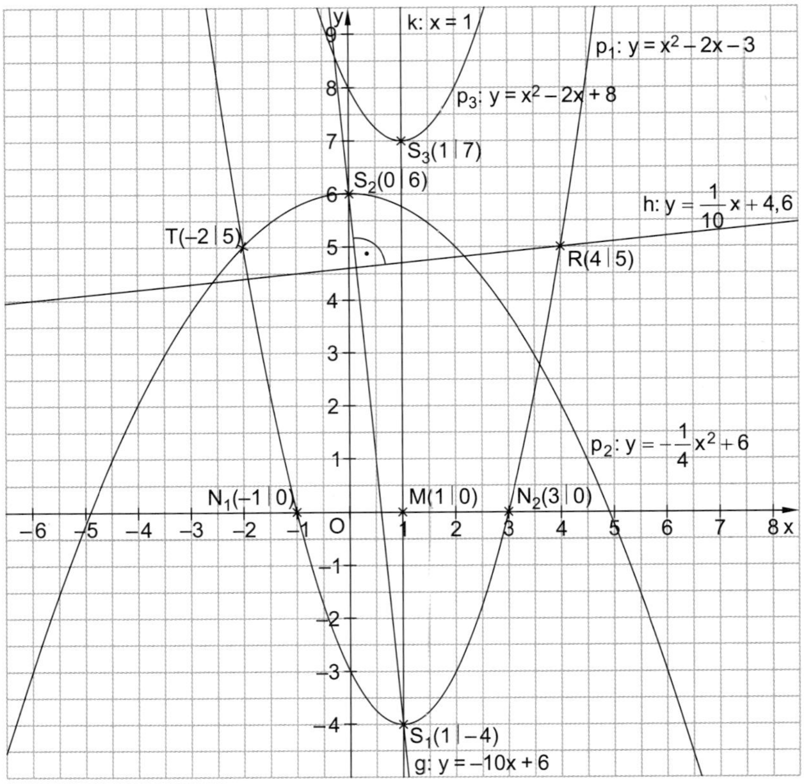

1. Bestimmung der Funktionsgleichungen von Parabel p_1 und von Parabel p_2

Ermittlung der Funktionsgleichung von Parabel p_1:

Berechnung von b und c:

$$y = x^2 + bx + c$$

(1) $N_1(-1\,|\,0)$:	$0 = (-1)^2 + b(-1) + c$	
(2) $N_2(3\,|\,0)$:	$0 = 3^2 + b \cdot 3 + c$	
(1')	$0 = 1 - b + c$	$\vert\,(2') - (1')$
(2')	$0 = 9 + 3b + c$	
	$0 = 8 + 4b$	$\vert -8$
	$4b = -8$	$\vert :4$
	$b = \underline{-2}$	

$b = -2$ in (1'): $0 = 1 - (-2) + c \quad | -3$

$c = \underline{-3}$

Bestimmung der Funktionsgleichung von Parabel p_1:

p_1: $y = x^2 + bx + c$

p_1: $\underline{\underline{y = x^2 - 2x - 3}}$ *bzw. alternativ:* p_1: $\underline{\underline{y = (x-1)^2 - 4}}$

✐ Hinweise und Tipps

Hinweis: Die Funktionsgleichungen der Parabeln p_1 und p_2 sowie der Geraden g lassen sich neben den in der Musterlösung dargestellten klassischen Lösungswegen auch mit im Mathematikunterricht der Realschule zugelassenen elektronischen Taschenrechnern (wissenschaftlich, nicht programmierbar) ermitteln.

Hinweise für die Ermittlung der Funktionsgleichungen von Parabel p_1:
Für die Ermittlung der Funktionsgleichung von Parabel p_1 stehen zwei Alternativen zur Verfügung.

Lösungsansatz 1:
Die Funktionsgleichung von Parabel p_1 wird ausgehend von einem Gleichungssystem mit zwei Gleichungen ermittelt.

Lösungsansatz 2:
Zunächst werden die Koordinaten des Scheitelpunkts von Parabel p_1 bestimmt. Mit diesen wird anschließend die Funktionsgleichung von Parabel p_1 über die Scheitelform quadratischer Funktionen aufgestellt.

Die Musterlösung folgt Ansatz 1. Lösungsansatz 2 wird als Alternative gekennzeichnet zusätzlich dargestellt.

Hinweise für die Benennung der Funktionsgleichung einer weiteren verschobenen nach oben geöffneten Normalparabel p_3, die keine Punkte mit p_1 und p_2 gemeinsam hat:
Als Grundlage für das Erarbeiten einer Lösung empfiehlt es sich, eine Zeichnung mit den Parabeln p_1 und p_2 sowie ihren Scheitelpunkten anzufertigen.
In diese Zeichnung wird Parabel p_3 so eingefügt, dass die Bedingungen der Aufgabenstellung erfüllt werden. Hierfür gibt es unendlich viele Möglichkeiten. Die Funktionsgleichung von Parabel p_3 gewinnen wir anschließend über die Koordinaten des Scheitelpunkts S_3 von Parabel p_3.

Alternativ kann das übliche Vorgehen gewählt werden und zunächst Gleichung (1') mit –1 multipliziert werden, um anschließend beide Gleichungen zu addieren.

✎ Hinweise und Tipps

Alternativer Lösungsweg zur Ermittlung der Funktionsgleichung von Parabel p_1

1. Ermittlung der Koordinaten des Scheitelpunkts S_1 von Parabel p_1

- Mittelpunkt M von Strecke N_1N_2:

$$M\left(\frac{x_{N_2}+x_{N_1}}{2}\,\middle|\,0\right)=M\left(\frac{3-1}{2}\,\middle|\,0\right)=\underline{M(1\,|\,0)}$$

- $\overline{N_1M}=\overline{MN_2}=\underline{2\text{ LE}}$

Feststellung der x-Koordinate von Scheitelpunkt S_1:

$x_{S_1}=x_M=\underline{1}$

Berechnung der y-Koordinate von Scheitelpunkt S_1:

$y_{S_1}=y_M-|\overline{N_1M}|^2$

$y_{S_1}=0-2^2$

$y_{S_1}=\underline{-4} \Rightarrow \underline{S_1(1\,|-4)}$

2. Berechnung der Funktionsgleichung von Parabel p_1:

$p_1\colon\ y=(x-d)^2+e \qquad |S_1(1\,|-4) \Rightarrow d=1;\ e=-4$

$p_1\colon\ \underline{\underline{y=(x-1)^2-4}}$

bzw. alternativ:

$p_1\colon\ y=x^2-2x+1-4$

$p_1\colon\ \underline{\underline{y=x^2-2x-3}}$

Ermittlung der Funktionsgleichung von Parabel p_2:

$p_2\colon\ y=ax^2+c$

$p_2\colon\ \underline{\underline{y=-\frac{1}{4}x^2+6}}$ *bzw. alternativ:* $p_2\colon\ \underline{\underline{y=-0{,}25x^2+6}}$

NR: **Bestimmung von c:**

Scheitelpunkt $S_2(0\,|\,6) \Rightarrow c=\underline{6}$

NR: **Berechnung von Vorfaktor a:**

$y=ax^2+c \quad |-c$

$ax^2=y-c \quad |:x^2$

$a=\frac{y-c}{x^2} \quad |c=6;\ T(-2\,|\,5)$

$a=\frac{5-6}{(-2)^2}$

$a=\frac{-1}{4}$

$a=\underline{-\frac{1}{4}}$

Hinweise und Tipps

2. Ermittlung der Funktionsgleichung von Gerade g

Berechnung des Scheitelpunkts S_1 von Parabel p_1:

$y = x^2 - 2x - 3 \quad |$ quadratisch ergänzen

$y = x^2 - 2x + 1 - 3 - 1$

$\underline{y = (x-1)^2 - 4} \;\Rightarrow\; \underline{S_1(1|-4)}$

Berechnung der Funktionsgleichung von Gerade g:

g: $y = m_g x + c_g$

g: $\underline{\underline{y = -10x + 6}}$

NR: **Berechnung von Steigungsfaktor m_g:**

$$m_g = \frac{y_{S_1} - y_{S_2}}{x_{S_1} - x_{S_2}}$$

$$m_g = \frac{-4-6}{1-0}$$

$$m_g = \frac{-10}{1} = \underline{-10}$$

NR: **Bestimmung von y-Achsenabschnitt c_g:**

$S_2(0|6) \in g \;\Rightarrow\; c_g = \underline{6}$

3. Ermittlung der Funktionsgleichung von Gerade h

h: $y = m_h x + c_h$

h: $\underline{\underline{y = \frac{1}{10}x + 4{,}6}}$

NR: **Berechnung von Steigungsfaktor m_h:**

$h \perp g \;\Rightarrow\; m_h \cdot m_g = -1 \quad |: m_g$

$$m_h = \frac{-1}{m_g}$$

$$m_h = \frac{-1}{-10} = \underline{\frac{1}{10}}$$

NR: **Berechnung von y-Achsenabschnitt c_h:**

$y = m_h x + c_h \quad | - m_h x$

$c_h = y - m_h x \quad | \; m_h = \frac{1}{10};\; R(4|5)$

$$c_h = 5 - \frac{1}{10} \cdot 4$$

$$c_h = 5 - \frac{4}{10} = \underline{4{,}6}$$

4. Benennung der Funktionsgleichung einer weiteren verschobenen nach oben geöffneten Normalparabel p_3, die keine Punkte mit p_1 und p_2 gemeinsam hat

Lösungsvorschlag:

Einbettung einer verschobenen nach oben geöffneten Normalparabel p_3 in das Schaubild, sodass Parabel p_3 keine Punkte mit p_1 und p_2 gemeinsam hat:

(1) nach oben geöffnete Normalparabel
$\rightarrow a_3 = 1$

✐ Hinweise und Tipps

(2) verschobene Normalparabel
$\rightarrow$ $S_3 \neq O(0|0)$

(3) keine gemeinsamen Punkte mit p_1 zusammen mit (1) und (2)
$\rightarrow$ Scheitelpunkt S_3 liegt auf der durch Scheitelpunkt $S_1(1|-4)$ verlaufenden senkrechten Geraden k: $x = 1$ und dazu ober- oder unterhalb von S_1

(4) keine gemeinsamen Punkte mit p_2 zusammen mit (3)
$\rightarrow$ Scheitelpunkt S_3 liegt hoch genug über p_2, zum Beispiel oberhalb von S_2

(5) Benennung eines möglichen Scheitelpunkts S_3, der die Bedingungen (2)–(4) erfüllt:
$\underline{S_3(1|7)}$

Ermittlung der Funktionsgleichung von Parabel p_3 mit $S_3(1|7)$:

p_3: $y = (x - d)^2 + e \qquad |S_3(1|7) \Rightarrow d = 1; e = 7$

p_3: $\underline{\underline{y = (x - 1)^2 + 7}}$

bzw. alternativ:

p_3: $y = x^2 - 2x + 1 + 7$

p_3: $\underline{\underline{y = x^2 - 2x + 8}}$

Wahlteil B – Aufgabe 2 b

Skizze:

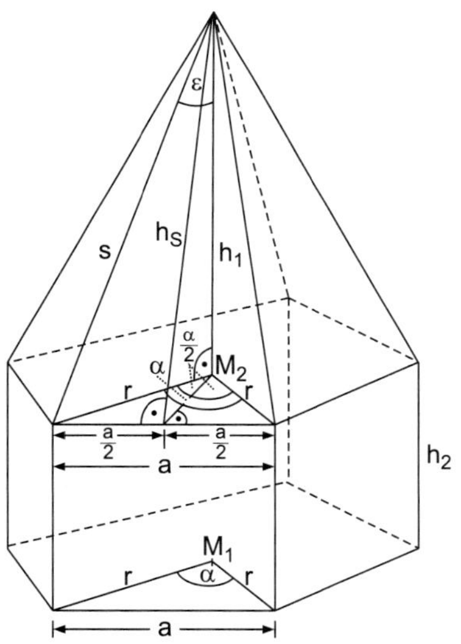

Die Oberfläche des zusammengesetzten Körpers besteht (von oben nach unten) aus dem Mantel der Fünfeckpyramide, dem Mantel des Fünfeckprismas und der Grundfläche des Fünfeckprismas.

Für die Berechnung des Oberflächeninhalts empfiehlt es sich, einen Term aufzustellen, in dem die Berechnungen der einzelnen Teilflächen zusammengefasst werden:

$O = M_{\text{Fünfeckpyramide}} + M_{\text{Fünfeckprisma}} + A_{\text{Grundfläche des Fünfeckprismas}}$

Alternativ können die Flächeninhalte der einzelnen Teilflächen separat ermittelt und anschließend addiert werden.

Für die Berechnung des Flächeninhalts der Grundfläche des Prismas empfiehlt es sich, diejenige Flächeninhaltsformel für regelmäßige Vielecke zu nutzen, welche weniger Arbeitsaufwand nach sich zieht.

Berechnung von Mittelpunktwinkel α:

$\alpha = \frac{360°}{n} \qquad |n = 5$

$\alpha = \frac{360°}{5} = \underline{72°}$

Berechnung von Radius r:

$\sin\varepsilon = \frac{r}{s} \qquad |\cdot s$

$r = s \cdot \sin\varepsilon$

$r = 12{,}6 \cdot \sin 33{,}0°$

$r = \underline{6{,}86 \text{ cm}}$

✐ Hinweise und Tipps

Berechnung von a über $\frac{a}{2}$:

$$\sin\frac{\alpha}{2} = \frac{\frac{a}{2}}{r} \qquad |\cdot r$$

$$\frac{a}{2} = r\cdot\sin\frac{\alpha}{2} \qquad |\cdot 2$$

$$a = 2\cdot r\cdot\sin\frac{\alpha}{2}$$

$$a = 2\cdot 6{,}86\cdot\sin\frac{72°}{2}$$

$$a = \underline{8{,}06\text{ cm}}$$

Berechnung von h_S:

$$h_S^2 + \left(\frac{a}{2}\right)^2 = s^2 \qquad \left| -\left(\frac{a}{2}\right)^2\right.$$

$$h_S^2 = s^2 - \left(\frac{a}{2}\right)^2$$

$$h_S^2 = 12{,}6^2 - \left(\frac{8{,}06}{2}\right)^2 \qquad |\sqrt{}$$

$$h_S = \underline{11{,}94\text{ cm}}$$

Berechnung des Oberflächeninhalts O des zusammengesetzten Körpers:

$$O = M_{\text{Fünfeckpyramide}} + M_{\text{Fünfeckprisma}} + A_{\text{Grundfläche des Fünfeckprismas}}$$

$$O = 5\cdot\frac{1}{2}\cdot a\cdot h_S + 5\cdot a\cdot h_2 + \frac{n\cdot r^2}{2}\cdot\sin\alpha$$

$$O = \frac{5}{2}\cdot 8{,}06\cdot 11{,}94 + 5\cdot 8{,}06\cdot 5{,}6 + \frac{5\cdot 6{,}86^2}{2}\cdot\sin 72°$$

$$O = 578{,}16\text{ cm}^2$$

$$O = \underline{\underline{578\text{ cm}^2}}$$

Wahlteil B – Aufgabe 3 a

Feststellung, wie viele der Kugeln im Gefäß jeweils rot, blau und gelb gefärbt sind:

- Rot: 4 Kugeln
- Blau: 3 Kugeln
- Gelb: 1 Kugel

Gesamt: 8 Kugeln

1. Berechnung der Wahrscheinlichkeit, zwei gleichfarbige Kugeln zu ziehen

P(zwei gleichfarbige Kugeln) = P(rot; rot) + P(blau; blau) + P(gelb; gelb)

$$\text{P(zwei gleichfarbige Kugeln)} = \frac{4}{8}\cdot\frac{3}{7} + \frac{3}{8}\cdot\frac{2}{7} + \frac{1}{8}\cdot\frac{0}{7}$$

$$\text{P(zwei gleichfarbige Kugeln)} = \frac{12}{56} + \frac{6}{56} + \frac{0}{56}$$

$$\text{P(zwei gleichfarbige Kugeln)} = \underline{\underline{\frac{9}{28}}}$$

Hinweise für die Berechnung des Erwartungswerts E für den abgebildeten Gewinnplan:
Für die Berechnung des Erwartungswerts E für den abgebildeten Gewinnplan stellen wir unter Nutzung der Verfahren zur Berechnung von Erwartungswerten einen Term auf. Dafür stehen zwei Alternativen zur Verfügung:

Lösungsansatz 1:
Standardverfahren

Lösungsansatz 2:
Die Wahrscheinlichkeiten der Gewinnsituationen werden mit den jeweiligen Gewinnen multipliziert und der Spieleinsatz wird als Subtrahend hinzugefügt.

In der Musterlösung wird Lösungsansatz 2 dargestellt.

Zunächst ist bei beiden Lösungsansätzen noch die Wahrscheinlichkeit, für das Ereignis „eine gelbe und eine blaue Kugel“ zu ziehen, zu ermitteln. Wird das Standardverfahren gewählt, ist zusätzlich noch die Wahrscheinlichkeit für das Ereignis „Niete“ zu ermitteln.

P(zwei gleichfarbige Kugeln) = 32,14 %

P(zwei gleichfarbige Kugeln) = 32,1 %

A: Die Wahrscheinlichkeit, zwei gleichfarbige Kugeln zu ziehen, beträgt $\frac{9}{28}$ bzw. 32,1 %.

2. Berechnung des Erwartungswerts E für den abgebildeten Gewinnplan

$$E = P(\text{zwei gleichfarbige Kugeln}) \cdot G_{zgK} + P(\text{eine gelbe und eine blaue Kugel}) \cdot G_{gbK} - S$$

$$E = \frac{9}{28} \cdot 4{,}00 + \frac{3}{28} \cdot 10{,}00 - 2{,}50$$

$$E = \underline{\underline{-0{,}14\ €}}$$

Legende:
zgK: zwei gleichfarbige Kugeln
gbK: eine gelbe und eine blaue Kugel
S: Spieleinsatz

NR: **Berechnung der Wahrscheinlichkeit, eine gelbe und eine blaue Kugel zu ziehen:**

$$P(\text{gelbe und blaue Kugel}) = P(g;\ b) + P(b;\ g)$$

$$P(\text{gelbe und blaue Kugel}) = \frac{1}{8} \cdot \frac{3}{7} + \frac{3}{8} \cdot \frac{1}{7}$$

$$P(\text{gelbe und blaue Kugel}) = \frac{6}{56} = \underline{\frac{3}{28}}$$

A: Der Erwartungswert E beträgt –0,14 €.

3. Berechnung, wie hoch der Gewinn für das Ereignis „eine gelbe und eine blaue Kugel“ bei Belassung aller anderen Einflussfaktoren sein müsste, damit der Veranstalter seinen Gewinn pro Spiel auf lange Sicht verdoppelt

$$E_{neu} = P(\text{zwei gleichfarbige Kugeln}) \cdot G_{zgK} + P(\text{eine gelbe und eine blaue Kugel}) \cdot G_{gbK_{neu}} - S \quad \left|\ E_{neu} = 2 \cdot E = 2 \cdot (-0{,}14) = \underline{-0{,}28\ €};\ G_{gbK_{neu}} = x\right.$$

$$-0{,}28 = \frac{9}{28} \cdot 4{,}00 + \frac{3}{28} \cdot x - 2{,}50 \quad \left|\ -\frac{9}{28} \cdot 4{,}00;\ +2{,}5\right.$$

$$\frac{3}{28} x = -0{,}28 - \frac{9}{28} \cdot 4{,}00 + 2{,}5 \quad \left|\ : \frac{3}{28} \mathrel{\hat{=}} \cdot \frac{28}{3}\right.$$

$$x = \left(-0{,}28 - \frac{9}{28} \cdot 4{,}00 + 2{,}5\right) \cdot \frac{28}{3}$$

$$x = \underline{\underline{8{,}72\ €}}$$

A: Wenn nur der Gewinn für das Ereignis „eine gelbe und eine blaue Kugel“ geändert werden soll und alles andere unverändert bleibt, muss der Gewinn für das Ereignis „eine gelbe und eine blaue Kugel“ 8,72 € betragen, damit der Betreiber seinen Gewinn pro Spiel auf lange Sicht verdoppelt.

Hinweise und Tipps

Hinweise für die Berechnung, wie hoch der Gewinn für das Ereignis „eine gelbe und eine blaue Kugel“ bei Belassung aller anderen Einflussfaktoren sein müsste, damit der Veranstalter seinen Gewinn pro Spiel auf lange Sicht verdoppelt:
Da die Struktur des Gewinnspiels gleich bleibt, kann für die Klärung der Frage der bereits oben für die Ermittlung des Erwartungswerts E aufgestellte Term genutzt werden.

Wahlteil B – Aufgabe 3 b

Skizze:

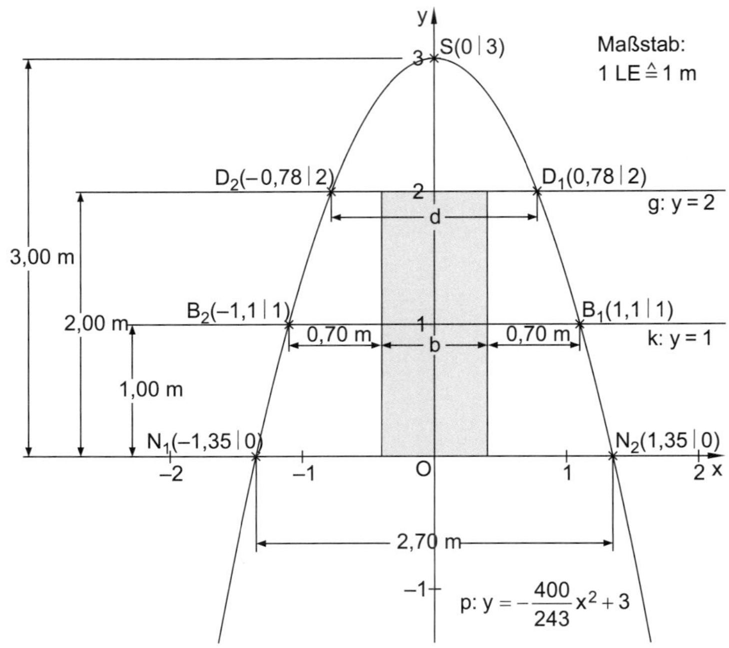

1. Berechnung einer möglichen Funktionsgleichung für die parabelförmige Außenkante des Hauses

p: $y = ax^2 + c$

p: $\underline{\underline{y = -\frac{400}{243}x^2 + 3}}$

(alternativ: p: $\underline{\underline{y = -1{,}646x^2 + 3}}$)

NR: **Bestimmung von c:**

Scheitelpunkt $S(0|3) \Rightarrow c = \underline{3{,}0}$

NR: **Berechnung von Vorfaktor a:**

$$y = ax^2 + c \quad |-c$$
$$ax^2 = y - c \quad |:x^2$$
$$a = \frac{y-c}{x^2} \quad |c = 3{,}0;\ N_1(-1{,}35|0)$$
$$a = \frac{0-3}{(-1{,}35)^2}$$
$$a = \underline{-\frac{400}{243}}$$

(alternativ: $a = \underline{-1{,}646}$)

2. Berechnung der Länge d des Vordachs

Berechnung der x-Koordinaten der Anfangs- und Endpunkte D_1 und D_2 des Vordachs im Koordinatensystem:

$$g = p \quad |g:\ y = 2$$
$$2 = -\frac{400}{243}x^2 + 3 \quad |-3$$
$$-\frac{400}{243}x^2 = -1 \quad \left|:\left(-\frac{400}{243}\right) \hat{=} \cdot\left(-\frac{243}{400}\right)\right.$$

Hinweise und Tipps

Als Grundlage für die nachfolgenden Berechnungen empfiehlt es sich, das Tiny House so in ein Koordinatensystem einzubetten, dass Scheitelpunkt S der zur Außenkante des Hauses gehörenden Parabel auf der y-Achse liegt und dass die Bodenkante der Vorderseite des Hauses auf der x-Achse liegt.

Hinweise zur Berechnung einer möglichen Funktionsgleichung für die parabelförmige Außenkante des Hauses:

Aus der in der Musterlösung gewählten Einbettung der Vorderseite des Hauses in das Koordinatensystem folgt, dass die Funktionsgleichung der zur Außenkante des Hauses zugehörigen Parabel p die Form $y = ax^2 + c$ besitzt.

Hinweis: Neben dem in der Musterlösung dargestellten klassischen Lösungsweg lässt sich die Funktionsgleichung von Parabel p auch mit im Mathematikunterricht der Realschule zugelassenen elektronischen Taschenrechnern (wissenschaftlich, nicht programmierbar) ermitteln.

✐ Hinweise und Tipps

$$x^2 = -1 \cdot \left(-\frac{243}{400}\right) \qquad |\sqrt{}$$
$$x_{1/2} = \pm 0{,}78$$
$$x_1 = \underline{0{,}78}$$
$$x_2 = \underline{-0{,}78}$$

Berechnung der Länge d des Vordachs:

$$\overline{D_1D_2} = |x_1| + |x_2|$$
$$\overline{D_1D_2} = |0{,}78| + |-0{,}78|$$
$$\overline{D_1D_2} = \underline{1{,}56\ \text{LE}} \qquad |1\ \text{LE} \mathrel{\hat{=}} 1\ \text{m}$$
$$\Rightarrow \quad d = \underline{\underline{1{,}56\ \text{m}}}$$

3. Berechnung des Flächeninhalts $A_{\text{Tür}}$ der Tür

$$A_{\text{Tür}} = b \cdot h$$
$$A_{\text{Tür}} = 0{,}8 \cdot 2{,}0$$
$$A_{\text{Tür}} = \underline{\underline{1{,}6\ \text{m}^2}}$$

NR: **Berechnung der x-Koordinaten der Schnittpunkte B_1 und B_2 von Gerade k und Parabel p:**

$$k = p \qquad |k\colon\ y = 1$$
$$1 = -\frac{400}{243}x^2 + 3 \qquad |-3$$
$$-\frac{400}{243}x^2 = -2 \qquad \left|:\left(-\frac{400}{243}\right) \mathrel{\hat{=}} \cdot \left(-\frac{243}{400}\right)\right.$$
$$x^2 = -2 \cdot \left(-\frac{243}{400}\right) \qquad |\sqrt{}$$
$$x_{1/2} = \pm 1{,}1$$
$$x_1 = \underline{1{,}1}$$
$$x_2 = \underline{-1{,}1}$$

NR: **Berechnung der Türbreite b:**

$$b = 2 \cdot (x_1 - 0{,}7)$$
$$b = 2 \cdot (1{,}1 - 0{,}7)$$
$$b = 0{,}8\ \text{LE} \qquad |1\ \text{LE} \mathrel{\hat{=}} 1\ \text{m}$$
$$b = \underline{0{,}8\ \text{m}}$$

✐ Hinweise und Tipps

Wahlteil B – Aufgabe 4 a

Skizze:

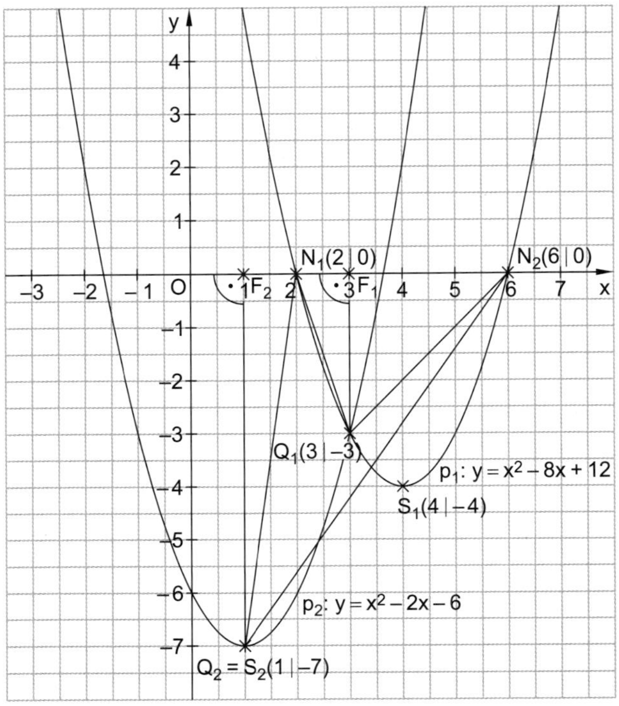

1. Berechnung der Koordinaten des Schnittpunkts Q_1 der beiden Parabeln p_1 und p_2

Berechnung der Funktionsgleichung von Parabel p_2:

p_2: $y = (x-d)^2 + e \quad |S_2(1|-7) \quad \Rightarrow \quad d = 1; e = -7$

p_2: $\underline{y = (x-1)^2 - 7}$

bzw. alternativ:

p_2: $y = x^2 - 2x + 1 - 7$

p_2: $\underline{y = x^2 - 2x - 6}$

Berechnung der Koordinaten von Schnittpunkt Q_1:

$$
\begin{aligned}
p_1 &= p_2 \\
x^2 - 8x + 12 &= x^2 - 2x - 6 \quad &&|-x^2; +8x \\
12 &= 6x - 6 &&|+6 \\
6x &= 18 &&|:6 \\
x &= \underline{3}
\end{aligned}
$$

$x = 3$ in p_1: $y = 3^2 - 8 \cdot 3 + 12$

$y = \underline{-3} \quad \Rightarrow \quad \underline{\underline{Q_1(3|-3)}}$

2. Berechnung der Koordinaten der Schnittpunkte N_1 und N_2 von Parabel p_1 mit der x-Achse

$y = x^2 - 8x + 12 \quad |y = 0$

$x^2 - 8x + 12 = 0$

$$x_{1/2} = -\frac{p}{2} \pm \sqrt{\left(\frac{p}{2}\right)^2 - q}$$

$$x_{1/2} = -\frac{-8}{2} \pm \sqrt{\left(\frac{-8}{2}\right)^2 - 12}$$

✎ Hinweise und Tipps

$x_{1/2} = 4 \pm \sqrt{16-12}$

$x_{1/2} = 4 \pm \sqrt{4}$

$x_{1/2} = 4 \pm 2$

$x_1 = \underline{2} \quad \Rightarrow \quad \underline{\underline{N_1(2\,|\,0)}}$

$x_2 = \underline{6} \quad \Rightarrow \quad \underline{\underline{N_2(6\,|\,0)}}$

Angesichts der Benennung der Dreiecke in der Aufgabenstellung wird hier von der üblichen Reihenfolge bei der Ermittlung von x_1 und x_2 abgewichen.

3. Berechnung des Flächeninhalts $A_{N_1Q_1N_2}$ von Dreieck $N_1Q_1N_2$

$A_{N_1Q_1N_2} = \frac{1}{2} \cdot \overline{N_1N_2} \cdot \overline{Q_1F_1}$

$A_{N_1Q_1N_2} = \frac{1}{2} \cdot 4 \cdot 3$

$A_{N_1Q_1N_2} = \underline{\underline{6\text{ FE}}}$

NR: **Berechnung von $\overline{N_1N_2}$:**

$\overline{N_1N_2} = |x_{N_2}| - |x_{N_1}|$

$\overline{N_1N_2} = |6| - |2|$

$\overline{N_1N_2} = \underline{4\text{ LE}}$

NR: **Bestimmung von $\overline{Q_1F_1}$:**

$\overline{Q_1F_1} = |y_{Q_1}| = |-3| = \underline{3\text{ LE}}$

4. Klärung der Frage, für welche Lage von Punkt Q_2 der Flächeninhalt von Dreieck $N_1Q_2N_2$ am größten wird

Ausgehend von der Flächeninhaltsformel für Dreiecke wählen wir die auf der x-Achse liegende Strecke N_1N_2 als Grundseite des Dreiecks $N_1Q_2N_2$. Zugehörige Höhe ist das Lot von Punkt Q_2 auf die x-Achse. Bei einer Bewegung von Punkt Q_2 auf Parabel p_2 ändert sich die Länge der Höhe, während $\overline{N_1N_2}$ unverändert bleibt. Die Änderung des Flächeninhalts von Dreieck $N_1Q_2N_2$ hängt folglich ausschließlich von der Änderung der Länge der Höhe ab. Dabei gilt: Je länger die Höhe ist, desto größer ist der Flächeninhalt des Dreiecks. Die Länge der Höhe wird bestimmt durch den Abstand des Punkts Q_2 zur x-Achse. Punkt Q_2 ist an Parabel p_2 „unterhalb der x-Achse" gebunden. Folglich erreicht Punkt Q_2 seinen größten Abstand zur x-Achse und damit die Höhe des Dreiecks ihre maximale Länge im tiefsten Punkt von Parabel p_2. Da Parabel p_2 nach oben geöffnet ist, ist der tiefste Punkt von Parabel p_2 ihr Scheitelpunkt $S_2(1\,|-7)$. Es gilt folglich: Der Flächeninhalt von Dreieck $N_1Q_2N_2$ wird am größten für

$Q_2 = S_2(1\,|-7) \quad \Rightarrow \quad \underline{\underline{Q_2(1\,|-7)}}$

5. Berechnung des maximalen Flächeninhalts $A_{N_1Q_2N_{2\,max}}$ von Dreieck $N_1Q_2N_2$

$A_{N_1Q_2N_{2\,max}} = \frac{1}{2} \cdot \overline{N_1N_2} \cdot \overline{Q_2F_2}$

$A_{N_1Q_2N_{2\,max}} = \frac{1}{2} \cdot 4 \cdot 7$

$A_{N_1Q_2N_{2\,max}} = \underline{\underline{14\text{ FE}}}$

NR: **Bestimmung von $\overline{Q_2F_2}$:**

$\overline{Q_2F_2} = |y_{Q_2}| = |-7| = \underline{7\text{ LE}}$

Hinweise und Tipps

Wahlteil B – Aufgabe 4 b

Skizze 1:

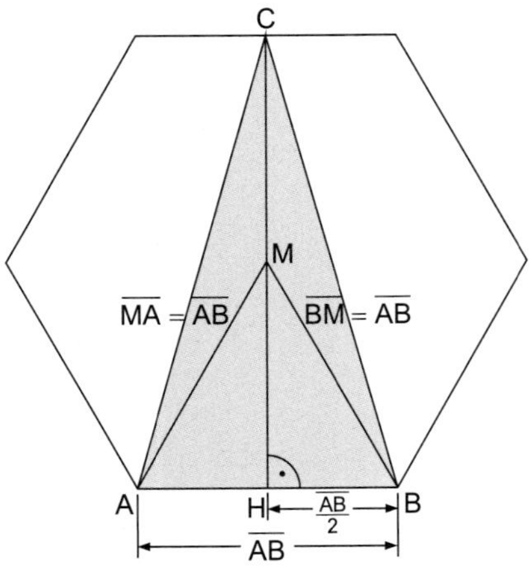

Skizze 2:

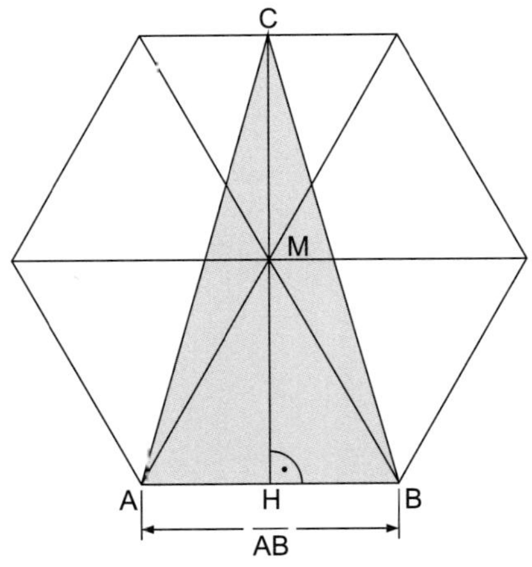

Festlegung:
Dreieck ABC ist gleichschenklig.
Aufgrund der Darstellung von Dreieck ABC in der Zeichnung der Aufgabenstellung wird für die Lösung der Aufgabe festgelegt, dass die Seiten BC und CA die Schenkel von Dreieck ABC sind.

$\Rightarrow \quad \underline{\overline{CA} = \overline{BC}}$

1. Berechnung des Umfangs u_{ABC} von Dreieck ABC

Bestimmung von $\overline{HB}$:
Dreieck ABC ist gleichschenklig mit den Schenkeln BC und CA.

$\Rightarrow$ Lotfußpunkt H des Lots von Punkt C auf Strecke AB halbiert Strecke AB.

$$\Rightarrow \quad \overline{HB} = \frac{\overline{AB}}{2} = \frac{12,4}{2} = \underline{6,2\text{ cm}}$$

Berechnung von $\overline{MH}$:

$$\overline{MH}^2 + \overline{HB}^2 = \overline{BM}^2 \qquad \left|-\overline{HB}^2\right.$$

$$\overline{MH}^2 = \overline{BM}^2 - \overline{HB}^2 \qquad \left|\ \overline{BM} = \overline{AB} = \underline{12,4\text{ cm}};\right.$$

| Eigenschaften von regelmäßigen Sechsecken

$$\overline{MH}^2 = 12,4^2 - 6,2^2 \qquad |\sqrt{\ }$$

$$\overline{MH} = \underline{10,74\text{ cm}}$$

Alternativer Berechnung von $\overline{MH}$:

$$\overline{MH} = \frac{\overline{AB}}{2} \cdot \sqrt{3} = 6,2 \cdot \sqrt{3} = \underline{10,74\text{ cm}}$$

Bestimmung von $\overline{CH}$:

$$\overline{CH} = 2 \cdot \overline{MH} \qquad |\text{ Eigenschaften von regelmäßigen Sechsecken}$$

$$\overline{CH} = 2 \cdot 10,74$$

$$\overline{CH} = \underline{21,48\text{ cm}}$$

Dreieck ABC ist gleichschenklig. Obwohl in der Aufgabenstellung nicht ausdrücklich festgehalten, darf aufgrund der Darstellung in der Zeichnung davon ausgegangen werden, dass die beiden Seiten BC und CA die beiden Schenkel des Dreiecks – und damit gleich lang – sind.

Hinweise zur Untersuchung, ob Tom recht hat:
Zunächst drängt es sich auf, die Flächeninhalte des Sechsecks und des Dreiecks ABC mit den bekannten Maßen zu berechnen und die beiden Ergebnisse zu vergleichen.
Bei der Berechnung des Flächeninhalts des regelmäßigen Sechsecks über die Flächeninhaltsformel für regelmäßige Sechsecke oder über die Flächeninhaltsformel für gleichseitige Dreiecke erhalten wir allerdings als Ergebnis einen nichtabbrechenden Dezimalbruch; ebenso bei der Ermittlung des Flächeninhalts von Dreieck ABC mit ungerundeten Werten. So wird dieser Ansatz – streng genommen – den Ansprüchen an eine mathematische Beweisführung nicht vollumfänglich gerecht.
Es bieten sich folgende drei Möglichkeiten an, die Behauptung von Tom zu überprüfen und festzustellen, ob er recht hat oder nicht:

1. Die Flächeninhalte von Dreieck ABC und des Sechsecks werden jeweils in Abhängigkeit von $\overline{AB}$ und $\overline{MH}$ in einem Term ausgedrückt und die beiden Terme verglichen. Ist der Term für den Flächeninhalt des Sechsecks dreimal so groß wie der Term für den Flächeninhalt von Dreieck ABC, hat Tom recht.
2. Bei der Begründung durch Argumentation werden zunächst der Flächeninhalt des Sechsecks und der Flächeninhalt von Dreieck ABC jeweils in Abhängigkeit des Flächeninhalts von Dreieck ABM ausgedrückt. Anschließend wird mit den beiden Termen untersucht und gezeigt, ob Tom recht hat. Die Ergebnisse dieser Untersuchung müssen als Text aufgeschrieben werden.
3. Beim dritten Ansatz nutzen wir die besonderen Flächeninhaltsformeln für regelmäßige Sechsecke und gleichseitige Dreiecke. Für den Flächeninhalt des Sechsecks gilt:

Berechnung von $\overline{BC}$:

$\overline{BC}^2 = \overline{CH}^2 + \overline{HB}^2$

$\overline{BC}^2 = 21{,}48^2 + 6{,}2^2 \quad |\sqrt{\ }$

$\overline{BC} = \underline{22{,}36\text{ cm}}$

Berechnung des Umfangs u_{ABC} von Dreieck ABC:

$u_{ABC} = \overline{AB} + 2 \cdot \overline{BC} \quad |\overline{CA} = \overline{BC}$

$u_{ABC} = 12{,}4 + 2 \cdot 22{,}36$

$u_{ABC} = 57{,}12\text{ cm}$

$u_{ABC} = \underline{\underline{57{,}1\text{ cm}}}$

2. Untersuchung, ob Tom recht hat
Skizze:

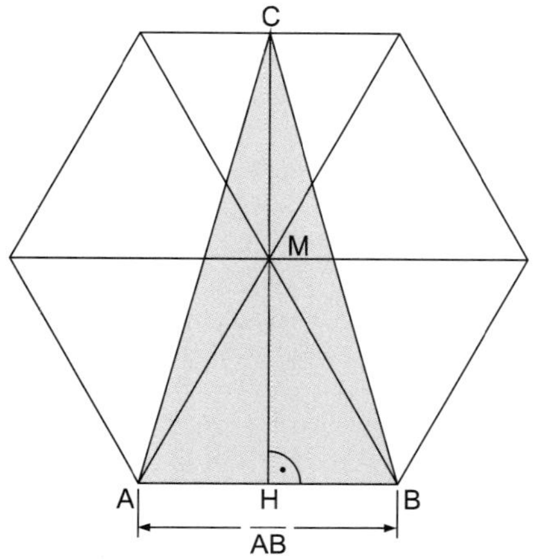

Berechnung des Flächeninhalts von Dreieck ABC in Abhängigkeit von $\overline{AB}$ und $\overline{MH}$:

$A_{ABC} = \frac{1}{2} \cdot \overline{AB} \cdot \overline{CH} \quad |\overline{CH} = 2\overline{MH}$

$A_{ABC} = \frac{1}{\not{2}_1} \cdot \overline{AB} \cdot \not{2}^1 \cdot \overline{MH}$

$A_{ABC} = \underline{\overline{AB} \cdot \overline{MH}}$

Berechnung des Flächeninhalts des Sechsecks in Abhängigkeit von $\overline{AB}$ und $\overline{MH}$:

$A_{Sechseck} = 6 \cdot A_{ABM}$

$A_{Sechseck} = \not{6}^3 \cdot \frac{1}{\not{2}_1} \overline{AB} \cdot \overline{MH}$

$A_{Sechseck} = \underline{3 \cdot \overline{AB} \cdot \overline{MH}}$

Feststellung, ob Tom recht hat:

$A_{ABC} = \overline{AB} \cdot \overline{MH}$ und

$A_{Sechseck} = 3 \cdot \overline{AB} \cdot \overline{MH}$

$\Rightarrow$ Der Flächeninhalt des Sechsecks ist dreimal so groß wie der Flächeninhalt von Dreieck ABC:
<u>Tom hat recht.</u>

Hinweise und Tipps

$A = \frac{3 \cdot \overline{AB}^2}{2}\sqrt{3}$

Damit eine Vergleichbarkeit dieses Terms mit dem Term für den Flächeninhalt von Dreieck ABC entsteht, muss dessen Flächeninhalt unter Verwendung der Flächeninhaltsformel für gleichseitige Dreiecke in Abhängigkeit vom Flächeninhalt von Dreieck ABM ausgedrückt werden. Für den Flächeninhalt von Dreieck ABC gilt:

$A_{ABC} = 2 \cdot A_{ABM} = 2 \cdot \frac{\overline{AB}^2}{4}\sqrt{3} = \frac{\overline{AB}^2}{2}\sqrt{3}$

Der Vergleich der beiden Terme zeigt auf einen Blick, ob Tom recht hat.

Die Musterlösung folgt Lösungsansatz 1. Lösungsansatz 2 „Begründung durch Argumentation“ wird als Alternative im Anschluss an die Musterlösung zusätzlich dargestellt.

✎ Hinweise und Tipps

Alternativer Lösungsansatz über Argumentation

Untersuchung, ob Tom recht hat, und Begründung:
Tom behauptet: „Der Flächeninhalt des Sechsecks ist dreimal so groß wie der Flächeninhalt des Dreiecks ABC."

Untersuchung und Begründung:
Das regelmäßige Sechseck besteht aus sechs kongruenten (gleichseitigen) Dreiecken. Dreieck ABM ist eines dieser Dreiecke.
Damit ist der Flächeninhalt des Sechsecks sechsmal größer als der Flächeninhalt von Dreieck ABM:

$\underline{A_{Sechseck} = 6 \cdot A_{ABM}}$

Dreieck ABC und Dreieck ABM haben Seite AB gemeinsam. Die in Dreieck ABC zu Seite AB zugehörige Höhe CH ist wegen der Eigenschaften des Sechsecks doppelt so lang wie die in Dreieck ABM zu Seite AB zugehörige Höhe MH.
Folglich ist der Flächeninhalt von Dreieck ABC doppelt so groß wie der Flächeninhalt von Dreieck ABM:

$\underline{A_{ABC} = 2 \cdot A_{ABM}}$

Verdreifacht man den Flächeninhalt von Dreieck ABC, so erhält man den Flächeninhalt des Sechsecks:

$\underline{3 \cdot A_{ABC}} = 3 \cdot 2 \cdot A_{ABM} = 6 \cdot A_{ABM} = \underline{A_{Sechseck}}.$

Damit ist gezeigt: $\underline{\underline{\text{Tom hat recht.}}}$

Original-Abschlussprüfung

Realschulabschluss Mathematik 2023

Um dir die Prüfung 2023 schnellstmöglich zur Verfügung stellen zu können, wird diese in digitaler Form veröffentlicht.

Sobald die Original-Prüfungsaufgaben 2023 zur Veröffentlichung freigegeben sind, können sie als PDF auf der Online-Plattform MyStark heruntergeladen werden (Zugangscode vgl. Umschlaginnenseite).

Aktuelle Prüfung

www.stark-verlag.de/mystark